中华人民共和国
消防标准汇编

━━ 基础标准卷 ━━

全国公共安全基础标准化技术委员会　编

应急管理出版社

· 北　京 ·

图书在版编目（CIP）数据

中华人民共和国消防标准汇编.基础标准卷/全国
公共安全基础标准化技术委员会编.--北京:应急管理
出版社,2023
　　ISBN 978-7-5020-9209-2

　　I.①中… II.①全… III.①消防—标准—汇编—
中国　IV.①TU998.1-65

中国版本图书馆CIP数据核字(2021)第253550号

中华人民共和国消防标准汇编　基础标准卷

编　　者	全国公共安全基础标准化技术委员会
责任编辑	曲光宇
责任校对	赵　盼
封面设计	罗针盘

出版发行	应急管理出版社（北京市朝阳区芍药居35号　100029）
电　　话	010-84657898（总编室）　010-84657880（读者服务部）
网　　址	www.cciph.com.cn
印　　刷	北京建宏印刷有限公司
经　　销	全国新华书店

开　　本	880mm×1230mm 1/16　**印张**　10 1/4　**字数**　310千字
版　　次	2023年8月第1版　2023年8月第1次印刷
社内编号	20200358　　　　　**定价**　38.00元

目　录

目　录

ICS 13.220.01
C 80

中华人民共和国国家标准

GB/T 4968—2008
代替 GB/T 4968—1985

火 灾 分 类

Classification of fires

(ISO 3941:2007,MOD)

2008-11-04 发布   2009-04-01 实施

中华人民共和国国家质量监督检验检疫总局
中国国家标准化管理委员会   发布

1

前　言

本标准修改采用了 ISO 3941:2007《火灾分类》(英文版)。结合我国国情,在采用 ISO 3941:2007时,本标准作了如下修改:

——删除了国际标准的前言,重新起草了前言;

——删除了国际标准的引言;

——将国际标准中的"本国际标准"一词改为"本标准";

——不仅根据可燃物的性质定义火灾分类,而且根据可燃物的类型和燃烧特性对火灾进行分类。
　　因此,对国际标准中的范围作了修改;

——根据 GB 50140—2005《建筑灭火器配置设计规范》中的定义,增加了 E 类火灾(带电火灾);

——将国际标准中某些标点符号修改为符合汉语习惯的标点符号。

本标准代替 GB/T 4968—1985《火灾分类》,与 GB/T 4968—1985 相比,本标准主要变化如下:

——不仅根据可燃物的性质定义火灾分类,而且根据可燃物的类型和燃烧特性对火灾进行分类;

——根据 GB 50140—2005《建筑灭火器配置设计规范》中的定义,增加了 E 类火灾(带电火灾);

——根据 ISO 3941:2007 中的定义,增加了 F 类火灾(烹饪器具内的烹饪物火灾);

——按照现行的国家标准编写要求,对 GB/T 4968—1985 的编写格式进行了调整。

本标准由中华人民共和国公安部提出。

本标准由全国消防标准化技术委员会名词术语符号分技术委员会(SAC/TC 113/SC 1)归口。

本标准起草单位:公安部天津消防研究所。

本标准主要起草人:姚松经、郑巍。

本标准所代替标准的历次版本发布情况为:

——GB/T 4968—1985。

火 灾 分 类

1 范围

本标准根据可燃物的类型和燃烧特性将火灾定义为六个不同的类别。

本标准适用于选用灭火器灭火等灭火和防火领域。

2 火灾分类的命名及其定义

下列命名是为了划分不同性质的火灾,并依此简化口头和书面表述。

A 类火灾:固体物质火灾。这种物质通常具有有机物性质,一般在燃烧时能产生灼热的余烬。

B 类火灾:液体或可熔化的固体物质火灾。

C 类火灾:气体火灾。

D 类火灾:金属火灾。

E 类火灾:带电火灾。物体带电燃烧的火灾。

F 类火灾:烹饪器具内的烹饪物(如动植物油脂)火灾。

ICS 13.220.01
C 80

中华人民共和国国家标准

GB/T 5907.1—2014
代替 GB/T 5907—1986,GB/T 14107—1993

消防词汇 第 1 部分:通用术语

Fire protection vocabulary—Part 1:General terms

2014-09-03 发布　　　　　　　　　　　2014-12-01 实施

中华人民共和国国家质量监督检验检疫总局
中国国家标准化管理委员会　发布

前 言

GB/T 5907《消防词汇》分为五个部分：
——第1部分：通用术语；
——第2部分：火灾预防；
——第3部分：灭火救援；
——第4部分：火灾调查；
——第5部分：消防产品。

本部分为 GB/T 5907 的第1部分。

本部分按照 GB/T 1.1—2009 给出的规则起草。

本部分整合代替 GB/T 5907—1986《消防基本术语 第一部分》和 GB/T 14107—1993《消防基本术语 第二部分》。本部分与 GB/T 5907—1986 和 GB/T 14107—1993 相比，除编辑性修改外主要技术变化如下：

——对标准的结构重新进行了划分，整合、补充和修改了 GB/T 5907—1986 和 GB/T 14107—1993 中的基本术语和定义；

——GB/T 5907—1986 和 GB/T 14107—1993 其余的术语和定义经筛选、补充和修改后纳入本标准的第2部分、第3部分和第5部分。

本部分起草时参考了 ISO 8421-1:1987《消防词汇 第1部分：通用术语和火灾现象》、ISO 8421-7:1987《消防词汇 第7部分：爆炸探测和抑爆方法》和 ISO 13943:2008《火灾安全词汇》。

本部分由中华人民共和国公安部提出。

本部分由全国消防标准化技术委员会基础标准分技术委员会（SAC/TC 113/SC 1）归口。

本部分负责起草单位：公安部天津消防研究所。

本部分参加起草单位：中国科学技术大学、安徽省消防救援总队、江苏省消防救援总队。

本部分主要起草人：姚松经、屈励、毕少颖、程晓舫、唐晓亮。

GB/T 5907 于1986年3月首次发布，本次为第一次修订；GB/T 14107 于1993年1月首次发布，本次为第一次整合修订。

消防词汇 第1部分：通用术语

1 范围

GB/T 5907 的本部分界定了与消防有关的通用术语和定义。

本部分适用于消防管理、消防标准化、消防安全工程、消防科学研究、教学、咨询、出版及其他有关的工作领域。

2 术语和定义

2.1

消防 fire protection；fire

火灾预防(2.16)和**灭火救援**(2.60)等的统称。

2.2

火 fire

以释放热量并伴有烟或火焰或两者兼有为特征的**燃烧**(2.21)现象。

2.3

火灾 fire

在时间或空间上失去控制的**燃烧**(2.21)。

2.4

放火 arson

人蓄意制造**火灾**(2.3)的行为。

2.5

火灾参数 fire parameter

表示**火灾**(2.3)特性的物理量。

2.6

火灾分类 fire classification

根据**可燃物**(2.49)的类型和**燃烧**(2.21)特性，按标准化的方法对**火灾**(2.3)进行的分类。

注：GB/T 4968 规定了具体的火灾分类。

2.7

火灾荷载 fire load

某一空间内所有物质（包括装修、装饰材料）的**燃烧**(2.21)总热值。

2.8

火灾机理 fire mechanism

火灾(2.3)现象的物理和化学规律。

2.9

火灾科学 fire science

研究**火灾**(2.3)机理、规律、特点、现象和过程等的学科。

2.10

火灾试验 fire test

为了解和探求**火灾**(2.3)的机理、规律、特点、现象、影响和过程等而开展的科学试验。

GB/T 5907.1—2014

2.11

火灾危害 fire hazard

火灾(2.3)所造成的不良后果。

2.12

火灾危险 fire danger

火灾危害(2.11)和火灾风险的统称。

2.13

火灾现象 fire phenomenon

火灾(2.3)在时间和空间上的表现。

2.14

火灾研究 fire research

针对火灾(2.3)机理、规律、特点、现象、影响和过程等的探求。

2.15

火灾隐患 fire potential

可能导致火灾(2.3)发生或火灾危害增大的各类潜在不安全因素。

2.16

火灾预防 fire prevention

防火

采取措施防止火灾(2.3)发生或限制其影响的活动和过程。

2.17

飞火 flying fire

在空中运动着的火星或火团。

2.18

自热 self-heating

材料自行发生温度升高的放热反应。

2.19

热解 pyrolysis

物质由于温度升高而发生无氧化作用的不可逆化学分解。

2.20

热辐射 thermal radiation

以电磁波形式传递的热能。

2.21

燃烧 combustion

可燃物(2.49)与氧化剂作用发生的放热反应,通常伴有火焰(2.41)、发光和(或)烟气(2.26)的现象。

2.22

无焰燃烧 flameless combustion

物质处于固体状态而没有火焰(2.41)的燃烧(2.21)。

2.23

有焰燃烧 flaming

气相燃烧(2.21),并伴有发光现象。

2.24

燃烧产物 product of combustion

由燃烧(2.21)或热解(2.19)作用而产生的全部物质。

8

2.25

燃烧性能 burning behaviour

在规定条件下,材料或物质的**对火反应**(2.42)特性和**耐火性能**(2.51)。

2.26

烟[气] smoke

物质高温分解或**燃烧**(2.21)时产生的固体和液体微粒、气体,连同夹带和混入的部分空气形成的气流。

2.27

自燃 spontaneous ignition

可燃物(2.49)在没有外部火源的作用时,因受热或自身发热并蓄热所产生的**燃烧**(2.21)。

2.28

阴燃 smouldering

物质无可见光的缓慢**燃烧**(2.21),通常产生**烟气**(2.26)和温度升高的现象。

2.29

闪燃 flash

可燃性(2.54)液体挥发的蒸气与空气混合达到一定浓度或者**可燃性**(2.54)固体加热到一定温度后,遇明火发生一闪即灭的**燃烧**(2.21)。

2.30

轰燃 flashover

某一空间内,所有**可燃物**(2.49)的表面全部卷入**燃烧**(2.21)的瞬变过程。

2.31

复燃 rekindle

燃烧(2.21)**火焰**(2.41)熄灭后再度发生**有焰燃烧**(2.23)的现象。

2.32

闪点 flash point

在规定的试验条件下,**可燃性**(2.54)液体或固体表面产生的蒸气在试验**火焰**(2.41)作用下发生**闪燃**(2.39)的最低温度。

2.33

燃点 fire point

在规定的试验条件下,物质在外部**引火源**(2.43)作用下表面**起火**(2.45)并持续**燃烧**(2.21)一定时间所需的最低温度。

2.34

燃烧热 heat of combustion

在 25 ℃、101 kPa 时,1 mol **可燃物**(2.49)完全**燃烧**(2.21)生成稳定的化合物时所放出的热量。

2.35

爆轰 detonation

以冲击波为特征,传播速度大于未反应物质中声速的化学反应。

2.36

爆裂 bursting

物体内部或外部过压使其急剧破裂的现象。

2.37

爆燃 deflagration

以亚音速传播的**燃烧**(2.21)波。

注:若在气体介质内,爆燃则与**火焰**(2.41)相同。

2.38

爆炸 explosion

在周围介质中瞬间形成高压的化学反应或状态变化,通常伴有强烈放热、发光和声响。

2.39

抑爆 explosion suppression

自动探测**爆炸**(2.38)的发生,通过物理化学作用扑灭**火焰**(2.41),抑制**爆炸**(2.38)发展的技术。

2.40

惰化 inert

对环境维持**燃烧**(2.21)或**爆炸**(2.38)能力的抑制。

注:例如把惰性气体注入封闭空间或有限空间,排斥里面的氧气,防止发生**火灾**(2.3)。

2.41

火焰 flame

发光的气相**燃烧**(2.21)区域。

2.42

对火反应 reaction to fire

在规定的试验条件下,材料或制品遇**火**(2.2)所产生的反应。

2.43

引火源 ignition source

点火源

使物质开始**燃烧**(2.21)的外部热源(能源)。

2.44

引燃 ignition

点燃

开始**燃烧**(2.21)。

2.45

起火 ignite(vi)

着火。

注:与是否由外部热源引发无关。

2.46

炭 char(n)

物质在**热解**(2.19)或不完全**燃烧**(2.21)过程中形成的含碳残余物。

2.47

炭化 char(v)

物质在**热解**(2.19)或不完全**燃烧**(2.21)时生成**炭**(2.46)的过程。

2.48

炭化长度 char length

在规定的试验条件下,材料在特定方向上发生**炭化**(2.47)的最大长度。

2.49

可燃物 combustible(n)

可以**燃烧**(2.21)的物品。

2.50

自燃物 pyrophoric material

与空气接触即能自行**燃烧**(2.21)的物质。

2.51

耐火性能 fire resistance

建筑构件、配件或结构在一定时间内满足标准耐火试验的稳定性、完整性和(或)隔热性的能力。

2.52

阻燃处理 fire retardant treatment

用以提高材料**阻燃性**(2.56)的工艺过程。

2.53

易燃性 flammability

在规定的试验条件下,材料发生持续**有焰燃烧**(2.23)的能力。

2.54

可燃性 combustibility

在规定的试验条件下,材料能够被**引燃**(2.44)且能持续**燃烧**(2.21)的特性。

2.55

难燃性 difficult flammability

在规定的试验条件下,材料难以进行**有焰燃烧**(2.23)的特性。

2.56

阻燃性 flame retardance

材料延迟被引燃或材料抑制、减缓或终止火焰传播的特性。

2.57

自熄性 self-extinguishing ability

在规定的试验条件下,材料在移去**引火源**(2.43)后终止**燃烧**(2.21)的特性。

2.58

灭火 fire fighting

扑灭或抑制**火灾**(2.3)的活动和过程。

2.59

灭火技术 fire fighting technology

为扑灭**火灾**(2.3)所采用的科学方法、材料、装备、设施等的统称。

2.60

灭火救援 fire fighting and rescue

灭火(2.58)和在**火灾**(2.3)现场实施以抢救人员生命为主的援救活动。

2.61

灭火时间 fire-extinguishing time

在规定的条件下,从灭火装置施放**灭火剂**(2.68)开始到**火焰**(2.41)完全熄灭所经历的时间。

2.62

消防安全标志 fire safety sign

由表示特定消防安全信息的图形符号、安全色、几何形状(或边框)等构成,必要时辅以文字或方向指示的安全标志。

注:GB 13495 规定了具体的消防安全标志。

2.63

消防设施 fire facility

专门用于**火灾预防**(2.16)、火灾报警、**灭火**(2.58)以及发生火灾时用于人员疏散的火灾自动报警系统、自动灭火系统、消火栓系统、防烟排烟系统以及应急广播和应急照明、防火分隔设施、安全疏散设施等固定消防系统和设备。

2.64

消防产品 fire product

专门用于火灾预防(2.16)、灭火救援(2.60)和火灾(2.3)防护、避难、逃生的产品。

2.65

固定灭火系统 fixed extinguishing system

固定安装于建筑物、构筑物或设施等,由灭火剂(2.68)供应源、管路、喷放器件和控制装置等组成的灭火系统。

2.66

局部应用灭火系统 local application extinguishing system

向保护对象以设计喷射率直接喷射灭火剂(2.68),并持续一定时间的灭火系统。

2.67

全淹没灭火系统 total flooding extinguishing system

将灭火剂(2.68)(气体、高倍泡沫等)以一定浓度(强度)充满被保护封闭空间而达到灭火目的的固定灭火系统(2.65)。

2.68

灭火剂 extinguishing agent

能够有效地破坏燃烧(2.21)条件,终止燃烧(2.21)的物质。

参 考 文 献

[1] GB/T 4968—2008 火灾分类

[2] GB/T 5332—2007 可燃液体和气体引燃温度试验方法

[3] 中华人民共和国消防法(2008 年发布)

[4] ISO 8421-1:1987 Fire protection—Vocabulary—Part 1:General terms and phenomena of fire

[5] ISO 8421-2:1987 Fire protection—Vocabulary—Part 2:Structural fire protection

[6] ISO 8421-5:1988 Fire protection—Vocabulary—Part 5:Smoke control

[7] ISO 8421-7:1987 Fire protection—Vocabulary—Part 7:Explosion detection and suppression means

[8] ISO 13943:2008 Fire safety—Vocabulary

索　引

汉语拼音索引

B

D

F

G

H

J

X

Y

Z

英文对应词索引

A

B

C

D

ICS 13.220.01
C 80

中华人民共和国国家标准

GB/T 5907.2—2015

消防词汇　第 2 部分：火灾预防

Fire protection vocabulary—Part 2：Fire prevention

2015-05-15 发布

2015-08-01 实施

中华人民共和国国家质量监督检验检疫总局
中国国家标准化管理委员会　发布

19

前　言

GB/T 5907《消防词汇》分为五个部分:
——第1部分:通用术语;
——第2部分:火灾预防;
——第3部分:灭火救援;
——第4部分:火灾调查;
——第5部分:消防产品。

本部分为 GB/T 5907 的第2部分。

本部分按照 GB/T 1.1—2009 给出的规则起草。

与本部分相关的通用术语收录在 GB/T 5907 的第1部分。

与本部分相关的消防产品术语收录在 GB/T 5907 的第5部分。

本部分起草时参考了 ISO 8421-2:1987《消防词汇　第2部分:建筑防火》、ISO 8421-5:1988《消防词汇　第5部分:烟气控制》、ISO 8421-6:1987《消防词汇　第6部分:疏散和逃生途径》和 ISO 13943:2008《火灾安全词汇》。

本部分由中华人民共和国公安部提出。

本部分由全国消防标准化技术委员会基础标准分技术委员会(SAC/TC 113/SC 1)归口。

本部分负责起草单位:公安部天津消防研究所。

本部分参加起草单位:中国人民武装警察部队学院、公安部四川消防研究所、江苏省公安消防总队。

本部分主要起草人:姚松经、沈纹、康青春、毕少颖、唐晓亮、韩伟平、丁敏、陆世昌。

消防词汇 第2部分:火灾预防

1 范围

GB/T 5907 的本部分界定了与火灾预防有关的常用术语和定义。

本部分适用于火灾预防、消防管理、消防标准化、消防安全工程、消防科学研究、教学、咨询、出版及其他有关的工作领域。

2 术语和定义

2.1 建筑防火

2.1.1
敞开楼梯 open stairway
建筑物内不封闭的楼梯。

2.1.2
防火分隔 fire separation
用具有一定耐火性能的建筑构件将建筑物内部空间加以分隔,在一定时间内限制火灾于起火区的措施。

2.1.3
防火分区 fire compartment
在建筑内部采用**防火墙**(2.1.6)、耐火楼板及其他**防火分隔**(2.1.2)设施分隔而成,能在一定时间内防止火灾向同一建筑的其余部分蔓延的局部空间。

2.1.4
防火间距 fire separation distance
防止着火建筑的辐射热在一定时间内引燃相邻建筑,且便于消防扑救的间隔距离。

2.1.5
防火幕 safety curtain
阻止火灾产生的烟气和热气通过的活动式的幕。

2.1.6
防火墙 fire wall
防止火灾蔓延至相邻建筑或相邻水平**防火分区**(2.1.3)且**耐火极限**(2.1.12)不低于 3.00 h 的不燃性实体墙。

2.1.7
防烟楼梯间 smoke proof staircase
在楼梯间入口处设置防烟的前室、开敞式阳台或凹廊等设施(统称前室),能防止火灾的烟气和热气进入的楼梯间。

2.1.8
封闭楼梯间 enclosed staircase
采用双向弹簧门、防火门等措施分隔,能防止火灾的烟气和热气进入的楼梯间。

2.1.9

集液池　catch pit

积液坑

为容纳泄漏或溢出的可燃烧的液体,设置在地面下通常填有碎石的围护结构。

2.1.10

防火堤　fire bund

为容纳泄漏或溢出的可燃烧的液体,在液体储罐周围地面上设置的实体堤坝。

2.1.11

耐火等级　fire resistance classification

根据建筑中墙、柱、梁、楼板、吊顶等各类构件不同的**耐火极限(2.1.12)**,对建筑物等整体耐火性能进行的等级划分。

2.1.12

耐火极限　duration of fire resistance

在标准耐火试验条件下,建筑构件、配件或结构从受到火的作用时起,到失去**耐火稳定性(2.1.13)**、**耐火完整性(2.1.14)**或**耐火隔热性(2.1.15)**时止的时间。

2.1.13

耐火稳定性　fire stability

在标准耐火试验条件下,承重建筑构件在一定时间内抵抗坍塌的能力。

2.1.14

耐火完整性　fire integrity

在标准耐火试验条件下,当建筑分隔构件一面受火时,在一定时间内防止火焰和烟气穿透或在背火面出现火焰的能力。

2.1.15

耐火隔热性　fire insulation

在标准耐火试验条件下,当建筑分隔构件一面受火时,在一定时间内防止其背火面温度超过规定值的能力。

2.2　烟气控制

2.2.1

防烟分区　smoke bay

在建筑内部采用挡烟设施分隔而成,能在一定时间内防止火灾烟气向同一建筑的其余部分蔓延的局部空间。

2.2.2

机械加压送风　mechanical pressurization

对楼梯间、前室及其他需要被保护的区域采用机械送风,使该区域形成正压,防止烟气进入的方式。

2.2.3

机械排烟　mechanical smoke extraction

采用机械力将烟气排至建筑物外的排烟方式。

2.2.4

直灌式加压送风　blow through mechanical pressurization

风机未通过送风井道直接对楼梯井**机械加压送风(2.2.2)**的方式。

2.2.5

自然排烟　natural smoke control

利用火灾时产生的热烟气流的浮力和外部风力作用,通过建筑物的对外开口把烟气排至室外的排烟方式。

2.3 安全疏散

2.3.1

安全出口 **exit**;safety exit

供人员安全疏散用的楼梯间、室外楼梯的出入口或直通室内外安全区域的出口。

2.3.2

避难层 **refuge floor**;area of refuge

避难间

建筑内用于人员在火灾时暂时躲避火灾及其烟气危害的楼层或房间。

2.3.3

避难走道 **exit passageway**

设置防烟设施且两侧采用**防火墙**(2.1.6)分隔,用于人员安全通行至室外的走道。

2.3.4

袋形走道 **dead end**

一端封闭,只有一个**疏散**(2.3.6)方向的走道。

2.3.5

[理论]**人员密度** **theoretical occupation density**

单位建筑面积上的人员数目,用于计算**安全出口**(2.3.1)数量和出口宽度。

2.3.6

疏散 **escape**;evacuation

逃生

人员由危险区域向安全区域撤离。

2.3.7

疏散距离 **travel distance**

从房间内任一点到最近**安全出口**(2.3.1)的距离。

2.3.8

疏散楼梯 **protected stairway**

具有足够防火能力并作为竖向**疏散通道**(2.3.11)的室内或室外楼梯。

2.3.9

疏散路线 **escape route**;evacuation route

紧急情况下,到达**安全出口**(2.3.1)的途径。

2.3.10

疏散时间 **evacuation time**

建筑物内或建筑物某个区域的所有人员从获得火灾信息至抵达**安全出口**(2.3.1)或安全区的时间。

2.3.11

疏散通道 **escape access**;evacuation access

建筑物内具有足够防火和防烟能力,主要满足人员安全**疏散**(2.3.6)要求的通道。

2.3.12

疏散预案 **evacuation plan**

为保证建筑物内人员在火灾情况下能安全**疏散**(2.3.6)而事先制定的计划。

2.3.13

应急照明　emergency lighting

当正常照明中断时,用于人员疏散(2.3.6)和消防作业的照明。

2.4　公共消防设施

2.4.1

公共消防设施　public fire facility

保障消防安全的必要公共设施。通常包括消防站(2.4.2)、消防通信指挥系统(2.4.3)、火警瞭望台(2.4.4)、消防供水设施(2.4.5)和消防车通道(2.4.6)等。

2.4.2

消防站　fire station

公安消防队和专职消防队的驻地,按照标准建设并配备人员、消防装备、训练设施等,是扑救火灾、抢险救援最基本的战斗单位。

2.4.3

消防通信指挥系统　fire communication and command system

覆盖某一区域(如省、市),联通该区域的消防通信指挥中心、移动消防通信指挥中心、消防站(2.4.2)、救灾相关单位等环节,具有火警受理、通信调度、辅助决策指挥和消防业务管理等功能的网络和设备及其软件组成的通信指挥系统。

2.4.4

火警瞭望台　fire lookout tower

有一定高度的瞭望设施,利用它能及时发现火灾,及早发出火灾报警,并能观察与通报火场情况。

2.4.5

消防供水设施　water source for fire fighting

供灭火救援用的人工水源和天然水源。

2.4.6

消防车通道　fire-fighting access；fire lane

满足消防车通行和作业等要求,在紧急情况下供消防队专用,使消防员和消防车等装备能到达或进入建筑物的通道。

2.5　建筑消防设施

2.5.1

建筑消防设施　fire equipment in building

建筑物、构筑物中设置的用于火灾报警、灭火救援、人员疏散、防火分隔(2.1.2)等设施的总称。

2.5.2

火灾自动报警系统　fire detection and alarm system

能实现火灾早期探测、发出火灾报警信号、并向各类消防设备发出控制信号完成各项消防功能的系统,一般由火灾触发器件、火灾警报装置、火灾报警控制器、消防联动控制系统等组成。

2.5.3

电气火灾监控系统　electrical fire monitoring system

由电气火灾监控设备、电气火灾监控探测器组成,当被保护电气线路中的被探测参数超过报警设定值时,能发出报警信号、控制信号并能指示报警部位的系统。

2.5.4

消防联动控制系统　automatic control system for fire protection

通常由消防联动控制器、模块、气体灭火控制器、消防电气控制装置、消防设备应急电源、消防应急广播设备、消防电话、传输设备、消防控制中心图形显示装置、消防电动装置、消火栓按钮等设备组成,在火灾自动报警系统中,接收火灾报警控制器发出的火灾报警信号,完成各项消防功能的控制系统。

2.5.5

[自动]喷水灭火系统 automatic sprinkler system

由洒水喷头、报警阀组、水流报警装置(水流指示器或压力开关)等组件,以及管道、供水设施组成,并能在发生火灾时喷水的自动灭火系统。

2.5.6

闭式[自动喷水]灭火系统 sealed automatic sprinkler system

采用闭式洒水喷头的**自动喷水灭火系统**(2.5.5)。

注:包括湿式自动喷水灭火系统(2.5.8)、干式自动喷水灭火系统(2.5.9)、预作用自动喷水灭火系统(2.5.10)等。

2.5.7

开式[自动喷水]灭火系统 open automatic sprinkler system

采用开式洒水喷头的**自动喷水灭火系统**(2.5.5)。

注:包括雨淋灭火系统(2.5.11)、水幕灭火系统(2.5.12)、水喷雾灭火系统(2.5.13)等。

2.5.8

湿式[自动喷水灭火]系统 wet pipe automatic sprinkler system

准工作状态时,配水管道内充满用于启动系统的有压水的**闭式自动喷水灭火系统**(2.5.6)。

2.5.9

干式[自动喷水灭火]系统 dry pipe automatic sprinkler system

准工作状态时,配水管道内充满用于启动系统的有压气体的**闭式自动喷水灭火系统**(2.5.6)。

2.5.10

预作用[自动喷水灭火]系统 pre-action automatic sprinkler system

准工作状态时配水管道内不充水,由火灾自动报警系统、闭式洒水喷头作为探测元件,自动开启雨淋报警阀或预作用报警阀组后,转换为**湿式自动喷水灭火系统**(2.5.8)的**闭式自动喷水灭火系统**(2.5.6)。

2.5.11

雨淋[灭火]系统 deluge extinguishing system

由火灾自动报警系统或传动管控制,自动开启雨淋报警阀和启动供水泵后,向开式洒水喷头供水的**开式自动喷水灭火系统**(2.5.7)。

2.5.12

水幕[灭火]系统 drencher extinguishing system

由开式洒水喷头或水幕喷头、雨淋报警阀或感温雨淋报警阀、水流报警装置(水流指示器或压力开关)等组成,用于挡烟阻火和冷却分隔物的**开式自动喷水灭火系统**(2.5.7)。

2.5.13

水喷雾[灭火]系统 water spray extinguishing system

由水源、供水设备、管道、雨淋报警阀、过滤器和水雾喷头等组成,向保护对象喷射水雾灭火或防护冷却的**开式自动喷水灭火系统**(2.5.7)。

2.5.14

自动喷水-泡沫联用[灭火]系统 sprinkler-foam extinguishing system

配置供给泡沫混合液的设备后,组成既可喷水又可喷泡沫的**自动喷水灭火系统**(2.5.5)。

2.5.15

泡沫-干粉联用[灭火]系统 foam-powder extinguishing system

可单独、同时或按顺序分别供给泡沫和干粉的泡沫和干粉联合应用灭火系统。

2.5.16

泡沫灭火系统　foam extinguishing system

将泡沫灭火剂与水按一定比例混合,经发泡设备产生灭火泡沫的灭火系统。

2.5.17

液下喷射泡沫灭火系统　base injection foam extinguishing system

能在可燃液体表面下注入泡沫,泡沫上升到液体表面并扩散开,形成一个泡沫层的**泡沫灭火系统**
(2.5.16)。

2.5.18

全淹没式高倍数泡沫灭火系统　total flooding of high expansion foam extinguishing system

由固定式高倍数泡沫发生装置将高倍数泡沫喷放到封闭或被围挡的防护区内,并在规定的时间内
达到淹没深度的**泡沫灭火系统**(2.5.16)。

2.5.19

局部应用式高倍数、中倍数泡沫灭火系统　local application of high/medium expansion foam extin-
guishing system

由固定式或半固定式高倍数或中倍数泡沫发生装置直接或通过导泡筒将泡沫喷放到火灾部位的
泡沫灭火系统(2.5.16)。

2.5.20

气体灭火系统　gas fire extinguishing system

灭火介质为气体灭火剂的灭火系统。

2.5.21

二氧化碳灭火系统　carbon dioxide extinguishing system

由二氧化碳供应源、喷嘴和管路等组成的**气体灭火系统**(2.5.20)。

2.5.22

高压二氧化碳灭火系统　high pressure carbon dioxide fire extinguishing system

二氧化碳灭火剂在常温下贮存的**二氧化碳灭火系统**(2.5.21)。

2.5.23

低压二氧化碳灭火系统　low pressure carbon dioxide fire extinguishing system

二氧化碳灭火剂在$-18\ ℃\sim-20\ ℃$的温度下贮存的**二氧化碳灭火系统**(2.5.21)。

2.5.24

卤代烷灭火系统　halocarbon fire extinguishing system

由卤代烷供应源、喷嘴和管路等组成的**气体灭火系统**(2.5.20)。

2.5.25

惰化系统　inerting system

引入适当浓度的惰性气体防止可燃的气体、蒸气、粉尘燃烧或爆炸的系统。

2.5.26

组合分配系统　combined distribution system

用一套灭火剂贮存装置,保护两个及以上防护区或保护对象的**气体灭火系统**(2.5.20)。

2.5.27

烟雾灭火系统　smoke extinguishing system

烟雾灭火剂在烟雾灭火器内进行燃烧反应,产生烟雾灭火气体,喷射到贮罐内着火液面的上方,形
成均匀而浓厚的灭火气体层的灭火系统。

2.5.28

干粉灭火系统 powder extinguishing system

由干粉贮存容器、驱动组件、输送管道、喷放组件、探测和控制器件等组成的灭火系统。

2.5.29

软管卷盘系统 hose reel system

装在卷盘上或导轨上的带人工操作喷枪的软管系统。

2.5.30

消防电梯 fire lift；lift for firefighter

设置在建筑的耐火封闭结构内,具有前室、备用电源以及其他防火保护、控制和信号等功能,在正常情况下可为普通乘客使用,在建筑发生火灾时能专供消防员使用的电梯。

2.5.31

防排烟系统 smoke management system

建筑内设置的用以防止火灾烟气蔓延扩大的**防烟系统**(2.5.32)和**排烟系统**(2.5.33)的总称。

2.5.32

防烟系统 smoke control system

采用**机械加压送风**(2.2.2)方式或自然通风方式,防止烟气进入楼梯间、前室、避难层(间)等空间的系统。

2.5.33

排烟系统 smoke extraction system

采用**机械排烟**(2.2.3)方式或**自然排烟**(2.2.5)方式,将烟气排至建筑物外的系统。

2.5.34

应急照明系统 emergency lighting system

用于**应急照明**(2.3.13)的灯具及相关装置。

2.5.35

疏散指示标志 escape direction sign

设置在**安全出口**(2.3.1)和**疏散路线**(2.3.9)上,用于指示**安全出口**(2.3.1)和通向**安全出口**(2.3.1)路线的标志。

> 注:疏散指示标志是 GB 13495 中的"安全出口"标志或"安全出口"与"疏散通道方向"标志的组合。GB 13495 规定了标志的式样以及组合使用的式样等内容。

2.6 消防安全工程

2.6.1

火灾风险 fire risk

发生火灾的概率及其后果的组合。

> 注1:某个事件或场景的火灾风险是指该事件或场景的概率及其后果的组合,通常为概率和后果的乘积。
> 注2:某个设计的火灾风险是指与该设计有关的所有事件或场景的概率及其后果的组合,通常为所有事件或场景风险的和。

2.6.2

火灾风险管理 fire risk management

获得预期的火灾风险标准所需的过程、程序和支撑文化背景。

> 注:火灾风险管理由**火灾风险评估**(2.6.3)、**火灾风险处置**(2.6.4)、**火灾风险接受**(2.6.5)和**火灾风险沟通**(2.6.6)组成。

2.6.3

火灾风险评估 fire risk assessment

用规定的**可接受火灾风险**(2.6.7)对所估计**火灾风险**(2.6.1)进行评价的过程。

2.6.4

火灾风险处置 fire risk treatment

选择调整**火灾风险**(2.6.1)的措施并加以实施。

注：通常指除设计变更以外的改变,如设备的安全管理。

2.6.5

火灾风险接受 fire risk acceptance

根据验收标准决定是否接受一个**火灾风险**(2.6.1)水平。

2.6.6

火灾风险沟通 fire risk communication

风险相关方就**火灾风险**(2.6.1)的信息进行交流或共享的行为。

2.6.7

可接受火灾风险 acceptable fire risk

在**火灾风险**(2.6.1)评估的风险评价阶段,满足规定验收标准的风险。

2.6.8

火灾风险评价 fire risk evaluation

将基于**火灾风险**(2.6.1)分析所估计的风险与基于规定验收标准的可接受风险进行对比。

2.6.9

火灾特性 fire behaviour

物品和(或)构筑物暴露于火灾,所发生的物理和(或)化学性质的变化。

2.6.10

火灾模化 fire modeling

用**火灾模型**(2.6.11)来定量地描述火灾发展的动态规律。

2.6.11

火灾模型 fire model

用于研究和预测火灾发展的数学表达式。

2.6.12

火灾试验模型 physical fire model

用于描述火灾特定阶段的试验室方法,包括设备、环境及试验程序。

2.6.13

时间-温度标准曲线 standard time-temperature curve

在标准耐火试验过程中,耐火试验炉内的温度随时间变化的函数曲线。

2.6.14

火灾场景 fire scenario

对一次火灾整个发展过程的定性描述,该描述确定了反映该次火灾特征并区别于其他可能火灾的关键事件。

注：火灾场景通常要定义引燃、火灾增长阶段、完全发展阶段和衰退阶段,以及影响火灾发展过程的各种系统和环境条件。无论确定性分析或风险评估是否预想的,确定潜在的火灾场景都是重要的一步。

2.6.15

典型火灾场景 representative fire scenario

选自火灾场景组的一个具有代表性**火灾场景**(2.6.14),假定其结果可对火灾场景组的平均结果提供合理估计。

2.6.16

设定火灾 design fire

对一个设定**火灾场景**(2.6.17)的假定火灾特征的定量描述。

2.6.17

设定火灾场景 design fire scenario

进行确定性的消防安全工程分析所采用的特定**火灾场景**(2.6.14)。

注：因为可能的**火灾场景**(2.6.14)非常多,所以,有必要选择最重要的场景(设定火灾场景)进行分析。设定火灾场景的选择是和火灾安全设计目标相适应的,并且能说明潜在的**火灾场景**(2.6.14)的可能性和后果。

2.6.18

火灾荷载密度 fire load density

某一空间内单位面积上的火灾荷载。

2.6.19

油池火 pool fire

发生于有易燃、可燃液体或溶解固体的池内的火灾。

2.6.20

自燃温度 spontaneous ignition temperature

在规定的条件下,可燃物发生自燃的最低温度。

2.6.21

点火 ignite(vt)；light(vt)

引发燃烧。

2.6.22

引燃温度 ignition temperature

在规定的试验条件下,物质发生引燃时的最低温度。

注：GB/T 5332 规定了可燃液体和气体引燃温度的测试方法。

2.6.23

引燃时间 ignition time

在规定的试验条件下,试样从开始暴露于规定的热辐射条件至引起持续燃烧的时间。

2.6.24

最小引燃时间 minimum ignition time

在规定的试验条件下,物质暴露于热辐射条件而发生引燃的最短时间。

2.6.25

层流火焰 laminar flame

气流雷诺数(Re)不超过某一定值的燃烧火焰。

2.6.26

湍流火焰 turbulent flame

燃烧时呈现不规则流动现象的火焰。

2.6.27

预混火焰 premixed flame

燃料与氧化剂预先混合后,再点火燃烧所产生的火焰。

2.6.28

实际热值 actual calorific value

在火灾条件下,单位质量的材料燃烧所释放的热量。

2.6.29

试验热值 experimental heat release

在规定的试验条件下,单位质量的材料燃烧所释放的热量。

2.6.30

线性燃烧速率 linear burning rate

在规定的试验条件下,单位时间材料燃烧的直线传播距离。

2.6.31

面积燃烧速率 area burning rate

在规定的试验条件下,单位时间材料燃烧的面积。

2.6.32

质量燃烧速率 mass burning rate

在规定的试验条件下,材料在单位时间内燃烧造成的质量损失。

2.6.33

热释放速率 heat release rate

材料或组件在单位时间内燃烧所释放的热量。

2.6.34

火线 fire line

由火蔓延时的火焰前锋(2.6.37)所构成的界线。

2.6.35

火焰持续时间 duration of flaming

在规定条件下,有焰燃烧持续的时间。

2.6.36

火焰蔓延 flame spread

火焰传播

火焰前锋(2.6.37)的扩展。

2.6.37

火焰前锋 flame front

材料表面上气相燃烧区的外缘界面。

2.6.38

火羽流 fire plume

由燃烧所产生的浮力形成的向上湍流流动,通常包括下部的燃烧区域。

2.6.39

火旋风 fire whirl

因燃烧而引发的热空气快速旋转流动的现象。

2.6.40

烟囱效应 chimney effect

在相对封闭的竖向空间内,由于气流对流而促使烟气和热气流向上流动的现象。

2.6.41

烟[气]层 smoke layer

由火灾引发,在封闭空间的最高分界面下面形成并聚集,相对均匀的一定量的烟气。

2.6.42

烟气分层 smoke stratification

封闭空间内在没有气流扰动的情况下,由热效应作用引起的烟气分层状态。

2.6.43

［光学］烟密度 optical density of smoke

用烟气阻光率常用对数表述的光束通过烟气后的衰减程度。

注1：烟密度无量纲。

注2：烟气阻光率是指在规定的试验条件下,入射光强度与透过烟气光强度的比值。是透射率的倒数。

2.6.44

烟炱 soot

有机物质不完全燃烧时所产生并沉积的微粒,主要是炭的微粒。

2.6.45

熔滴 melt drip

物质燃烧或熔融时的滴落物。

2.6.46

熔融特性 melting behaviour

物质受热发生皱缩、滴落、熔化等物理现象。

2.6.47

沸溢 boil over

正在燃烧的油层下的水层因受热沸腾膨胀导致燃烧着的油品喷溅,使燃烧瞬间增大的现象。

2.6.48

烧毁长度 damaged length

在规定的试验条件下,材料的**烧毁面积**(2.6.49)在特定方向的最大长度。

2.6.49

烧毁面积 damaged area

在规定的试验条件下,材料因燃烧或热解作用而受到永久性损坏的总面积。

2.6.50

灰烬 ash

物质完全燃烧生成的粉末状残余物。

2.6.51

爆炸极限 explosion limit

可燃气体、蒸气或粉尘与空气均匀混合后形成混合气,遇足够的点火能会产生爆炸的最高或最低浓度。

2.6.52

氧指数 oxygen index

在规定的试验条件下,材料在氮氧混合气中进行有焰燃烧所需的最低氧浓度。

注：氧指数的单位为"％"。

2.6.53

毒害 toxic hazard

在火灾中由于产生**毒物**(2.6.55)而导致对生物体的有害影响。

2.6.54

毒害风险 toxic risk

在火灾中产生**毒害**(2.6.53)的可能性。

2.6.55

毒物 toxicant

能够对生物产生**毒性**(2.6.59)的物质。

2.6.56

毒物剂量　toxicant dose

生物体所吸入的毒物量。

注：在毒理学中，毒物剂量可用**暴露剂量**(2.6.65)乘以单位时间生物体平均吸入空气的体积来判定，以 mg/min 表示。

2.6.57

毒物浓度　toxicant concentration

单位体积空气中的**毒物**(2.6.55)含量。

注：通常以质量浓度(mg/L 或 g/m³)或体积分数(10^{-6})表示。

2.6.58

毒效　toxic potency

毒物(2.6.55)所产生的有害的生物学改变的强度。

2.6.59

毒性　toxicity

物质对生物体产生有害作用的特性。

2.6.60

毒性模型　toxic model

在规定的试验条件下，评价材料在火灾中产生**毒性**(2.6.59)的装置。

2.6.61

急性毒性　acute toxicity

短时间(15 min)一次暴露于大剂量(高浓度)或 24 h 以内多次暴露于小剂量(低浓度)的某种**毒物**(2.6.55)所产生的**毒性**(2.6.59)。

2.6.62

慢性毒性　chronic toxicity

长时间多次暴露于小剂量(低浓度)某种**毒物**(2.6.55)所产生的**毒性**(2.6.59)。

2.6.63

潜伏毒性　delayed toxicity

停止接触或暴露于某种**毒物**(2.6.55)之后经过一段时间的潜伏期才出现的**毒性**(2.6.59)。

2.6.64

特殊毒性　specific toxicity

暴露于某种**毒物**(2.6.55)能够造成生物体致突变、致畸、致癌、致敏等作用的**毒性**(2.6.59)。

2.6.65

暴露剂量　exposure dose

吸入的有毒气体或火灾流出物的最大量。

注1：由浓度-时间曲线围成的面积计算。

注2：在毒理学中，暴露剂量可以用单位**暴露时间**(2.6.66)的**毒物浓度**(2.6.57)来确定，以 mg/L·min 表示。

注3：对于燃烧产物，暴露剂量可由单位时间、单位体积材料的质量损失以及它所稀释的体积和**暴露时间**(2.6.66)来估算。

2.6.66

暴露时间　exposure time

人、动物或试样暴露于规定条件的时间。

2.6.67

暴露危险　exposure hazard

由于暴露于有毒气体或火灾流出物环境而带来的危险。

2.6.68

生物鉴定 **biological assay**

在规定的试验条件下,通过生物体暴露试验来测定火灾所产生的**毒性**(2.6.59)。

2.6.69

丧失能力 **incapacitation**

由于暴露于有毒气体或火灾流出物而使生物体失去逃生的能力。

参 考 文 献

［1］ GB/T 5332—2007　可燃液体和气体引燃温度试验方法

［2］ GB/T 5907.1—2014　消防词汇　第 1 部分:通用术语

［3］ GB/T 5907.3—2015　消防词汇　第 3 部分:灭火救援

［4］ GB/T 5907.5—2015　消防词汇　第 5 部分:消防产品

［5］ GB 13495—1992　消防安全标志

［6］ 中华人民共和国消防法(2008 年发布)

［7］ ISO 8421-1:1987　Fire protection—Vocabulary—Part 1:General terms and phenomena of fire

［8］ ISO 8421-2:1987　Fire protection—Vocabulary—Part 2:Structural fire protection

［9］ ISO 8421-5:1988　Fire protection—Vocabulary—Part 5:Smoke control

［10］　ISO 8421-6:1987　Fire protection—Vocabulary—Part 6:Evacuation and means of escape

［11］　ISO 13943:2008　Fire safety—Vocabulary

索　引

汉语拼音索引

A

B

C

D

E

F

G

H

J

K

L

M

N

P

Q

R

S

T

X

Y

英文对应词索引

A

B

C

G

H

I

ICS 13.220.01
C 80

中华人民共和国国家标准

GB/T 5907.3—2015

消防词汇 第3部分：灭火救援

Fire protection vocabulary—Part 3：Fire fighting and rescue

2015-05-15 发布

2015-08-01 实施

中华人民共和国国家质量监督检验检疫总局
中国国家标准化管理委员会 发布

GB/T 5907.3—2015

前　言

GB/T 5907《消防词汇》分为五个部分：
——第1部分：通用术语；
——第2部分：火灾预防；
——第3部分：灭火救援；
——第4部分：火灾调查；
——第5部分：消防产品。

本部分为 GB/T 5907 的第3部分。

本部分按照 GB/T 1.1—2009 给出的规则起草。

与本部分相关的通用词汇收录在 GB/T 5907 的第1部分。

与本部分相关的火灾预防词汇收录在 GB/T 5907 的第2部分。

与本部分相关的消防产品词汇收录在 GB/T 5907 的第5部分。

本部分起草时参考了 ISO 8421-8:1990《消防词汇　第8部分：消防救援和危险物品储运》和 ISO 13943:2008《火灾安全词汇》。

本部分由中华人民共和国公安部提出。

本部分由全国消防标准化技术委员会基础标准分技术委员会(SAC/TC 113/SC 1)归口。

本部分负责起草单位：公安部天津消防研究所。

本部分参加起草单位：中国人民武装警察部队学院、江苏省公安消防总队、公安部上海消防研究所。

本部分主要起草人：姚松经、康青春、毕少颖、唐晓亮、诸容、张智、王严。

消防词汇　第3部分:灭火救援

1 范围

GB/T 5907 的本部分界定了与灭火救援有关的常用术语和定义。

本部分适用于消防管理、灭火救援、消防标准化、消防科学研究、教学、咨询、出版及其他有关的工作领域。

2 术语和定义

2.1 组织与管理

2.1.1

辖区　fire area

消防站负责保护的城乡区域。

2.1.2

消防队　fire brigade

依法或根据需要建立,配备人员和消防装备等,负责火灾扑救、应急救援等工作的消防组织。

2.1.3

公安消防队　public security fire brigade

依照国家法律法规建立、隶属于公安机关、承担火灾扑救和应急救援工作的专业**消防队**(2.1.2)。

2.1.4

专职消防队　full-time fire brigade

依照国家法律法规建立、隶属于地方政府或企事业单位、承担火灾扑救和应急救援工作的专业**消防队**(2.1.2)。

2.1.5

志愿消防队　volunteer fire brigade

由机关、团体、企业、事业单位以及乡镇人民政府、村民委员会、居民委员会根据需要建立的承担火灾自防自救工作的**消防队**(2.1.2)。

2.2 接警与火警受理

2.2.1

火警　fire alarm

发生火灾等紧急情况。

2.2.2

火灾报警　report of fire alarm

向**消防队**(2.1.2)报告火灾发生。

2.2.3

火警电话　fire telephone

专门用于**火灾报警**(2.2.2)的电话。

2.2.4

火警电话专线 fire telephone line

专门用于**火灾报警**(2.2.2)的电话线路。

2.2.5

火警受理 response to fire alarm

通过各种渠道和方式对报送来的**火警**(2.2.1)信息进行接收和处理的活动。

2.2.6

谎报火警 malicious fire alarm

明知没有火灾等情况发生而故意发出**火灾警报**(2.2.7)。

2.2.7

火灾警报 alarm of fire

由人或自动装置发出的通报火灾发生的警报。

2.2.8

接警 receipt of fire alarm

消防队(2.1.2)接受发生火灾信息的活动。

2.2.9

集中接警 centralized receipt of fire alarm

消防总、支(大)队集中受理**火灾报警**(2.2.2)后,再向辖区中队发出战斗指令的**接警**(2.2.8)方式。

2.2.10

分散接警 scattered receipt of fire alarm

消防队(2.1.2)直接受理辖区内**火灾报警**(2.2.2)的**接警**(2.2.8)方式。

2.2.11

接警时间 alarm time

火警受理台接到**火灾报警**(2.2.2)信号的时刻。

2.3 作战、战术与战训

2.3.1

灭火预案 pre-determined fire plan

灭火作战计划

根据火灾对象、可调度的救援力量和灾情的预想预先做出的灭火救援作战文书。

2.3.2

灭火出动 starting for fire fighting

消防员接到出动命令后,着消防战斗服装乘消防车、船(艇)或飞机,前往**火场**(2.3.7)的行动。

2.3.3

力量调度 dispatch of fire fighting force

受理火警后,通过消防通信指挥系统向**火场**(2.3.7)调派灭火救援力量的过程。

2.3.4

接警出动时间 response time

从接到火灾或其他紧急信号到消防车离开消防站的时间。

2.3.5

出动警灯 turnout alert lamp

接警(2.2.8)后,能显示灭火救援出动命令并发出光学警示信号的灯具。

2.3.6

出动警铃　turnout alert bell

接警(2.2.8)后,能传达灭火救援出动命令的声响设备。

2.3.7

火场　fire ground

发生火灾的区域。

2.3.8

到场时间　attendance time

接到火灾或其他紧急信号到**消防队**(2.1.2)到达**火场**(2.3.7)所经历的时间。

2.3.9

灭火救援组织指挥　organization and command of firefighting and rescue operation

具备灭火救援指挥资格的指挥机关和指挥员对各类灾害事故进行处置的特殊的组织领导活动,贯穿于接警出动至恢复战备的全过程。

2.3.10

火场指挥部　command post on the fire ground

扑救火灾时,为协调灭火救援力量在**火场**(2.3.7)上的灭火救援行动,实施统一组织、统一指挥、统一行动,由有关人员组成的临时指挥机构。

2.3.11

火场指挥图　fire command diagram

反映指挥员组织灭火救援作战意图的示意图。

2.3.12

灭火指挥员　fire fighting commander

在**火场**(2.3.7)上发布灭火救援命令和组织实施灭火救援的人员。

2.3.13

火场侦察　reconnaissance on the fire ground

消防队(2.1.2)到达**火场**(2.3.7)后,通过观察、询问、侦检等方法全面掌握**火场**(2.3.7)情况的活动。

2.3.14

灭火战术　fire fighting tactic

指导和实施**灭火战斗**(2.3.15)的方法、策略。

2.3.15

灭火战斗　fire fighting

消防员在**灭火战斗**(2.3.15)过程中的各个环节的行动方式和行动规范,包括接警出动、火场侦察、战斗展开、战斗进行、战斗结束等环节。

2.3.16

战斗展开　fighting deployment

消防队(2.1.2)到达**火场**(2.3.7)后,根据灭火指挥员的战斗命令,迅速进入指定位置,对燃烧区及周围需要保护的区域完成进攻准备的行动。

2.3.17

水枪手　branch man；nozzle personnel

控制水枪的消防员。

2.3.18

火场供水　water supply to fire ground

利用消防车、消防船(艇)、消防泵和其他消防供水器具,将水输送到**火场**(2.3.7)的行动。

2.3.19

接力供水 water relay

通过消防车、消防泵串联实现的远程供水方式。

2.3.20

火场警戒 fire ground guard

为保证灭火救援行动和火灾调查的顺利进行,采取划分警戒区域、交通管制等措施对进出**火场**(2.3.7)的人员、车辆进行控制。

2.3.21

火场救生 rescue life on the fire ground

消防员采用各种手段在**火场**(2.3.7)中营救受火灾威胁人员的活动。

2.3.22

现场急救 first aid

消防员在灭火救援事故现场对伤员采取一系列快速而简捷的医疗处理措施,以挽救伤员的生命,防止伤情恶化,减轻伤痛,预防并发症,并迅速妥善地把伤员送到医院救治的行动。

2.3.23

心肺复苏 cardiopulmonary resuscitation;CPR

通过人工干预手段,使人的呼吸和心跳恢复。

2.3.24

火场破拆 forcible entry on the fire ground

为强行进入**火场**(2.3.7)进行**火场侦察**(2.3.13)、**火场救生**(2.3.21)、排烟、阻截火灾蔓延以及疏散人员和物资等行动,消防员对建筑构件或其他物体进行局部或全部破坏和拆除的活动。

2.3.25

火场通信 communication on the fire ground

为保证灭火救援行动的顺利进行,在**火场**(2.3.7)上进行的信息传递活动。

2.3.26

防火带 fire break

利用施放逆风火、撤除燃料或浇湿潜在火源等方法在火灾蔓延方向上形成净空地带。

2.3.27

增援请求 request for reinforcement;assistance message

由**火场**(2.3.7)或其他紧急事件现场发出的要求增援消防车、设备和人员的信息。

2.3.28

消除残火 damp down

灭火后为消除可能隐藏的发烟、发热残留物发生复燃的危险而采取的洒水等措施。

2.3.29

火警瞭望 fire lookout

瞭望员在火警瞭望台或其他高处对本辖区进行火情监视的活动。

2.3.30

灭火技能 fire fighting technique

消防员掌握消防器材装备扑灭火灾的科学、有效的操作方法、技巧等。

2.3.31

灭火技能训练 fire fighting technique training

使受训人员掌握灭火方法和各种消防器材、消防装备的操作技能的活动。

2.3.32

灭火战斗训练　fire fighting training

为使消防员适应**灭火预案**(2.3.1)或检验**灭火预案**(2.3.1)效果而组织的演练活动,包括灭火理论教育和**灭火技能**(2.3.30)、**灭火战术**(2.3.14)、身体素质及**火场**(2.3.7)上的心理适应能力的训练等。

2.3.33

灭火战术训练　fire fighting tactic training

针对火灾对象,熟悉、掌握各种**灭火战术**(2.3.14)的活动。

2.3.34

消防滑杆　sliding pole

消防站内供消防员从高处直接滑降到指定部位的圆柱形杆状物。

2.3.35

消防训练塔　fire training tower

供消防员进行身体素质、登高技巧和高楼灭火救援等训练的塔式建(构)筑物。

2.4　消防通信

2.4.1

消防通信　fire communication

覆盖某一区域(省、市、自治区),联通该区域的消防通信指挥中心、移动消防通信指挥中心、消防站、救灾相关单位等环节,具有火警受理、通信调度、辅助决策指挥和消防业务宏观管理等功能的网络和设备及其软件组成的通信指挥系统。

2.4.2

消防有线通信网　wired fire communication network

由消防有线通信设备和**消防有线通信线路**(2.4.4)组成的通信网络。

2.4.3

消防无线通信网　wireless fire communication network

在一定的通信区域,由无线通信设备和必要的通信信道组成的消防无线通信网络。

2.4.4

消防有线通信线路　wired fire communication line

用于传输**火灾报警**(2.2.2)和消防信息的有线通信线路。

2.4.5

有线报警　wired alarm

通过**消防有线通信网**(2.4.2)进行**火灾报警**(2.2.2)的活动。

2.4.6

无线报警　wireless alarm

通过**消防无线通信网**(2.4.3)进行**火灾报警**(2.2.2)的活动。

2.4.7

大风告警信号　high wind warning

风力达到预置风级后,火警调度台自动发出的声光报警信号。

2.4.8

管区覆盖网　jurisdictional coverage network

消防调度指挥中心与通信指挥消防车、各公安消防中队通信室及通信消防车之间组成的**消防无线通信网**(2.4.3)。即一级网。

2.4.9

火场指挥网 fire ground network

火场(2.3.7)指挥员与参战各公安消防中队指挥员及战斗班长之间组成的**消防无线通信网**(2.4.3)。即二级网。

2.4.10

火警调度专线 dedicated line for dispatching fire fighting force

用于调度灭火力量的**消防有线通信线路**(2.4.4)。

2.4.11

灭火战斗网 fire fighting network

在**火场**(2.3.7)上,公安消防中队内由参战人员之间组成的**消防无线通信网**(2.4.3),即三级网。

2.4.12

消防通信室 fire communication room

消防站内受理**火警**(2.2.1)或接受调度指令的工作室。

2.4.13

信息通报 information message

对采取的行动和(或)灭火进程等控火细节的汇报。

2.4.14

本地终端 local terminal

设置在消防指挥中心,直接与计算机主机相连的终端。

2.4.15

远程终端 remote terminal

在消防中队,利用火警调度专线传输信息并通过调制解调器与指挥中心计算机相连的终端。

2.4.16

移动终端 mobile terminal

在通信指挥消防车上,通过无线信道传输信息并与指挥中心计算机相连的终端。

2.4.17

直接传输 direct transmission

在**火场**(2.3.7)电视发射与接收地点之间,不经过任何转接设备而将火场实况直接传送到接收地点的传输方式。

2.4.18

中继传输 relay transmission

在**火场**(2.3.7)电视发射地点的火场实况信号,经过一级或多级无线中继设备传送到接收地点的传输方式。

参 考 文 献

[1] GB/T 5907.1—2014 消防词汇 第1部分:通用术语
[2] GB/T 5907.2—2015 消防词汇 第2部分:火灾预防
[3] GB/T 5907.5—2015 消防词汇 第5部分:消防产品
[4] 中华人民共和国消防法(2008年发布)
[5] ISO 8421-8:1990 Fire protection—Vocabulary—Part 8:Terms specific to fire-fighting, rescue services and handling hazardous materials
[6] ISO 13943:2008 Fire safety—Vocabulary

索　引

汉语拼音索引

英文对应词索引

O

P

R

S

T

V

W

ICS 13.220.01
C 80

中华人民共和国国家标准

GB/T 5907.4—2015

消防词汇　第4部分:火灾调查

Fire protection vocabulary—Part 4:Fire investigation

2015-05-15 发布
2015-08-01 实施

中华人民共和国国家质量监督检验检疫总局
中国国家标准化管理委员会　发布

前　言

GB/T 5907《消防词汇》分为五个部分：
——第1部分：通用术语；
——第2部分：火灾预防；
——第3部分：灭火救援；
——第4部分：火灾调查；
——第5部分：消防产品。
本部分为 GB/T 5907 的第4部分。

本部分按照 GB/T 1.1—2009 给出的规则起草。

与本部分相关的通用术语收录在 GB/T 5907 的第1部分中。为了方便，本部分重复列出了 GB/T 5907
第1部分和第2部分的部分术语。

本部分由中华人民共和国公安部提出。

本部分由全国消防标准化技术委员会基础标准分技术委员会（SAC/TC 113/SC 1）归口。

本部分起草单位：公安部天津消防研究所、公安部沈阳消防研究所。

本部分主要起草人：鲁志宝、姚松经、韩子忠、邸曼、刘振刚、毕少颖、陈克、田桂花、张得胜、张明。

消防词汇　第4部分:火灾调查

1　范围

GB/T 5907 的本部分界定了与火灾调查有关的常用术语和定义。

本部分适用于火灾调查、消防管理、消防标准化、消防科学研究、教学、咨询、出版及其他有关的工作领域。

2　术语和定义

2.1　一般术语

2.1.1
炭　char(n)
物质在热解或不完全燃烧过程中形成的含碳残余物。
[GB/T 5907.1—2014,定义2.46]

2.1.2
炭化　char(v)
材料热解或不完全燃烧。
[GB/T 5907.1—2014,定义2.47]

2.1.3
炭化深度　char depth
材料的**残余炭化深度**(2.1.4)和**烧失炭化深度**(2.1.5)之和。

2.1.4
残余炭化深度　remnant char depth
材料燃烧后残余**炭化**(2.1.2)层的深度。

2.1.5
烧失炭化深度　burned away char depth
材料被火烧失部分的深度。

2.1.6
灰烬　ash
物质完全燃烧生成的粉末状残余物。
[GB/T 5907.2—2015,定义2.6.50]

2.1.7
烟怠　soot
有机物质不完全燃烧时所产生并沉积的微粒,主要是**炭**(2.1.1)的微粒。
[GB/T 5907.2—2015,定义2.6.44]

2.1.8
分界线　boundary
火灾中的热效应和烟效应在对各种物体作用时,由于作用的程度不同而在受作用区和非受作用区之间形成的界线。

2.1.9

火灾蔓延　fire spread

火焰或热烟气从一个地方传播到另一个地方。

2.1.10

过火面积　the area of an fire involved

火灾高温作用所涉及的范围。

2.1.11

火灾现场　fire scene

发生火灾的区域和留有与火灾原因有关的痕迹、物证的场所。

2.1.12

火场再现　fire scene reconstruction

在火灾原因(2.1.21)调查分析中,模拟再现火灾发生实际场景的过程。

2.1.13

现场分析　on-scene analysis

综合现场勘验、现场询问(2.2.16)情况,对所获取的证据材料、调查线索进行筛选、研究、认定的过程。

2.1.14

火灾现场记录　recording the fire scene

对火灾现场(2.1.11)情况进行的客观记载。

2.1.15

起火部位　area of origin

火灾起始的房间或区域。

2.1.16

起火点　point of origin

火灾起始的地点。

2.1.17

引火源　ignition source

使物质开始燃烧的外部热源(能源)。

[GB/T 5907.1—2014,定义 2.43]

2.1.18

起火物　initial fuel

最先被点燃的物质。

2.1.19

助燃剂　accelerant

能够加速物质燃烧的燃料或氧化剂。

2.1.20

短路　short circuit

带电导体之间形成的低电阻接触现象。

2.1.21

火灾原因　fire cause

导致火灾发生的因素。

2.1.22

火灾原因调查　fire cause investigation

通过火灾现场(2.1.11)实地勘验、现场询问(2.2.16)和火灾物证(2.1.28)技术鉴定等工作,分析认定**火灾原因**(2.1.21)的活动。

2.1.23

起火原因 ignition cause

引燃起火物的直接、唯一的原因。

2.1.24

灾害成因 cause of disaster formation

在火灾中燃烧失控并造成特定灾害结果的系列因素。

2.1.25

火灾损失 fire loss

火灾导致的**火灾直接经济损失**(2.1.26)和人身伤亡人数。

2.1.26

火灾直接经济损失 direct economic fire loss

火灾导致的**火灾直接财产损失**(2.1.27)、火灾现场处置费用、人身伤亡后所支出的费用等三项损失之和。

2.1.27

火灾直接财产损失 direct property fire loss

财产(不包括货币、票据、有价证券等)在火灾中直接被烧毁、烧损、烟熏、砸压、辐射以及在救援抢险中因破拆、水渍、碰撞等所造成的损失。

2.1.28

火灾物证 physical evidence of fire scene

火灾现场(2.1.11)中提取的,能有效证明火灾发生原因的物体及痕迹。

2.1.29

火灾痕迹 fire pattern

物体燃烧、受热后所形成的可观测的物理、化学变化的现象。

2.1.30

火灾痕迹物证 physical evidence of fire pattern

证明**起火原因**(2.1.23)和火灾发生、发展、熄灭过程的一切带有**火灾痕迹**(2.1.29)的物体。

2.1.31

物证鉴定 identification of physical evidence

利用专门的仪器设备、技术手段以及依靠鉴定人的经验和知识,按照相关的鉴定标准和技术规程,对**火灾物证**(2.1.28)的物理特性和化学特性作出鉴定结论的过程。

2.2 现场勘验术语

2.2.1

火灾现场勘验 fire scene examination

现场勘验人员依法并运用科学方法和技术手段,对与火灾有关的场所、物品、人身、尸体表面等进行勘查、验证,查找、检验、鉴别和提取物证的活动。

2.2.2

环境勘验 surrounding area examination

现场勘验人员在**火灾现场**(2.1.11)的外围进行巡视、观察和记录**火灾现场**(2.1.11)外围和周边环境的勘验活动。

2.2.3

初步勘验 preliminary examination

现场勘验人员在不触动现场物体和不变动现场物体原始位置的情况下对**火灾现场**(2.1.11)内部进行的初步的、静态的勘验活动。

2.2.4

细项勘验　particular item examination

现场勘验人员在初步勘验的基础上,对各种痕迹物证进行的进一步勘验活动。

2.2.5

专项勘验　special item examination

现场勘验人员对**火灾现场**(2.1.11)收集到的引火物、发热体以及其他能够产生火源能量的物体、设备、设施等特定对象所进行的勘验活动。

2.2.6

烟熏痕迹　sootiness pattern

物质燃烧过程中产生的游离碳粒子,在流动时吸附于物体表面或侵入物体空隙中形成的一种状态和印迹。

2.2.7

倒塌痕迹　collapse pattern

物体或建筑构件在火灾发生、发展过程中失去平衡,由原位置向失去支撑的方向发生移动、转动,甚至发生变形,而后其残体在新的位置上重新堆积形成稳定状态的印迹。

2.2.8

变色痕迹　coloring pattern

在火灾热作用下,物体发生颜色变化后形成的印迹。

2.2.9

变形痕迹　metamorphosing pattern

物体的整体结构或某一构件,在**火灾现场**(2.1.11)热作用和外力作用下,其外部形状发生某种程度的改变而形成的印迹。

2.2.10

熔化痕迹　melting pattern

融化痕迹

固体物质受热发生熔化或熔融、软化、流淌,冷却后外形发生变化而形成的印迹。

2.2.11

炭化痕迹　charring pattern

固体可燃物在**炭化**(2.1.2)过程中形成的印迹。

2.2.12

灰化痕迹　ashing pattern

可燃物完全燃烧后,以**灰烬**(2.1.6)的形式堆积形成某种形状的印迹。

2.2.13

炸裂痕迹　bursting pattern

物体受到高温或外力的作用产生裂纹、裂缝或断裂所留下的印迹。

2.2.14

流淌痕迹　liquid flowing pattern

易燃或可燃液体在静止或流动状态下发生燃烧后,在其接触的物体表面上形成的印迹。

2.2.15

清洁燃烧痕迹　clean burn pattern

不燃物体表面上的烟气沉积物被进一步燃烧干净,呈现出局部干净而周围存在烟气沉积物的印迹。

2.2.16

现场询问　on-scene interrogating

为现场勘验提供勘验重点,印证现场勘验所获取的证据材料所进行的打听、发问。

2.2.17

现场实验　test for investigation

为了证实火灾在某些外部条件、一定时间内能否发生或证实与火灾发生有关的某一事实是否存在的再现性试验。

2.2.18

放火案件线索　incendiary clue

现场勘验、调查询问过程中发现的能够证明放火嫌疑的各种痕迹、物证、迹象、信息等。

2.2.19

火灾现场照相　photographing the fire scene

运用照相技术,按照火灾调查工作的要求和现场勘验的规定,用拍照的方式对**火灾现场**(2.1.11)的一切有关事物的记录。

2.2.20

火灾现场方位照相　sequential photographing the fire scene

以整个**火灾现场**(2.1.11)及现场周围环境为拍摄对象,反映**火灾现场**(2.1.11)所处的位置及其与周围事物关系的照相。

2.2.21

火灾现场概貌照相　full scale photographing the fire scene

以整个**火灾现场**(2.1.11)或现场中心地段为拍摄内容,反映**火灾现场**(2.1.11)的全貌以及现场内各部分关系的照相。

2.2.22

火灾现场重点部位照相　photographing important areas in the fire scene

以**火灾现场**(2.1.11)**起火点**(2.1.16)、**起火部位**(2.1.15)或**燃烧炭化**(2.1.2)破坏严重部位、遗留尸体、痕迹或可疑物品等所在部位为拍摄内容,反映**火灾痕迹**(2.1.29)、物品在火灾现场的位置、状态及与周边事物的关系的照相。

2.2.23

火灾现场细目照相　detail photographing the fire scene

以与**引火源**(2.1.17)有关的痕迹、物品为拍摄对象,反映痕迹、物品的大小、形状等特征的照相。

2.3　火灾物证鉴定术语

2.3.1　鉴定方法

2.3.1.1

薄板层析法　thin layer chromatography analysis

将**试样**(2.3.3.2)与标准样在同一薄层板点样、展开、显色后,再进行对比,用以进行**火灾现场**(2.1.11)常见易燃液体及其燃烧残留物鉴定的方法。

2.3.1.2

红外光谱法　infrared spectroscopy analysis

依据不同物质组成结构不同,利用红外特征吸收技术,对**火灾物证**(2.1.28)进行鉴定、检测的方法。

2.3.1.3

紫外光谱法　ultraviolet spectrum analysis

依据不同物质组成结构不同,利用紫外特征吸收技术,对**火灾物证**(2.1.28)进行鉴定、检测的方法。

2.3.1.4

气相色谱-质谱(GC-MS)法　gas chromatography/mass spectrometry(GC-MS)analysis

利用气相色谱-质谱(GC-MS)检测技术,依据总离子流色谱图和提取离子流色谱图辨别特征谱峰对**火灾物证**(2.1.28)进行鉴定、检测的方法。

2.3.1.5

液相色谱法　liquid chromatography analysis

利用液相色谱检测技术,依据检测器得到的特征谱峰对**火灾物证**(2.1.28)进行鉴定、检测的方法。

2.3.1.6

液相色谱-质谱(LC-MS)法　liquid chromatography-mass spectrometry(LC-MS)analysis

利用液相色谱-质谱检测技术,对不挥发性、极性和热不稳定性的**火灾物证**(2.1.28)进行分析鉴定的方法。

2.3.1.7

差热分析法　differential thermal analysis

依据**火灾物证**(2.1.28)样品与参比物之间的温差(ΔT)随温度或时间的变化关系,判定**火灾物证**(2.1.28)的热效应的分析方法。

2.3.1.8

热重分析法　thermogravimetric analysis

在程序控制温度下分析**火灾物证**(2.1.28)样品的质量与温度变化关系,以确定**火灾物证**(2.1.28)样品的热稳定性的分析方法。

2.3.1.9

俄歇分析法　auger electron spectroscopy component analytic method

利用俄歇电子表面分析系统对**火灾现场**(2.1.11)中导线**短路**(2.1.20)**熔珠**(2.3.2.2)孔洞内表面的成分进行分析,依据其所含成分质量百分比的不同,判断导线**短路**(2.1.20)是**一次短路熔痕**(2.3.2.6)或二次短路熔痕(2.3.2.7)的方法。

2.3.1.10

宏观法　macroscopic method

用肉眼、放大镜或显微镜对**火灾现场**(2.1.11)中残留的导线**熔痕**(2.3.2.1)进行观察,依据其外观特征,确定导线**熔痕**(2.3.2.1)熔化性质的方法。

2.3.1.11

金相分析法　metallographic analytic method

对**火灾现场**(2.1.11)残留的金属**熔痕**(2.3.2.1),包含**熔珠**(2.3.2.2),进行金相分析,依据其显微组织特征判定其**熔痕**(2.3.2.1)性质的方法。

2.3.1.12

剩磁法　residual magnetic method

对**火灾现场**(2.1.11)中电流通路或雷电流通路附近的铁磁物质进行剩磁检测,依据检测数据判定在**火灾现场**(2.1.11)中是否发生过**短路**(2.1.20)或雷电现象的方法。

2.3.1.13

微观形貌法　microcosmic appearance method

对**火灾现场**(2.1.11)中的残留的痕迹进行表面形貌的观察分析,依据其微观形貌特征判定**熔痕**(2.3.2.1)化学性质的方法。

2.3.1.14

电气火灾模拟试验法　simulated test method

通过还原**火灾现场**(2.1.11)电气设备使用状态,起火时的环境条件,**起火部位**(2.1.15)的可燃物放置情况等,确定电气设备发生故障并引燃可燃物的鉴定方法。

2.3.2 电气熔化痕迹

2.3.2.1

熔痕 melted mark

在外界火焰或**短路**(2.1.20)电弧高温作用下,在金属表面,特别是铜、铝导线上形成的球状、凹坑状、瘤状、尖状及其他不规则的微熔或全熔痕迹。

2.3.2.2

熔珠 melted bead

导体在外界火焰或短路电弧的高温作用下熔化,掉落后形成的珠状**熔痕**(2.3.2.1)。

2.3.2.3

电热熔痕 melted mark by electric arc or current

金属导体因电弧或电流热作用形成的**熔痕**(2.3.2.1)。

2.3.2.4

短路熔痕 short circuit melted mark

导体在短路电弧高温作用下形成的**熔痕**(2.3.2.1)。

2.3.2.5

火烧熔痕 melted mark due to fire burning

受**火灾现场**(2.1.11)高温作用发生熔化,在金属表面,特别铜、铝导线上形成的**熔痕**(2.3.2.1)。

2.3.2.6

一次短路熔痕 primary short circuited melted mark

在正常环境条件下,铜、铝导线因本身故障发生短路,在导线上形成的**熔痕**(2.3.2.1)。

2.3.2.7

二次短路熔痕 secondary short circuited melted mark

在火灾环境条件下,铜、铝导线产生故障而引发短路,在导线上形成的**熔痕**(2.3.2.1)。

2.3.2.8

熔化过渡区 fusion transition

熔化区与未熔化区的交界区域。

2.3.2.9

短路迸溅熔珠 splash down melted bead caused by short circuited

导体发生**短路**(2.1.20)或电弧故障后,瞬间熔化并喷溅到其他物体上形成的**熔珠**(2.3.2.2)。

2.3.3 物证与对比样品

2.3.3.1

检材 testing material

从**火灾现场**(2.1.11)提取的,对火灾事实有指示、确定作用并可委托鉴定机构分析、检测的物证。

2.3.3.2

试样 trial sample

从**检材**(2.3.3.1)中经过筛选、提取,并在实验室中进行处理后,适合仪器检测的**检材**(2.3.3.1)。

2.3.3.3

对比样品 comparison sample

已知其物理、化学属性,在物证检验鉴定过程中用于和**检材**(2.3.3.1)对比的物品。

参 考 文 献

[1] GB/T 5907.1—2014 消防词汇 第 1 部分:通用术语
[2] GB/T 5907.2—2015 消防词汇 第 2 部分:火灾预防
[3] GB/T 5907.3—2015 消防词汇 第 3 部分:灭火救援
[4] XF/T 812—2008 火灾原因调查指南
[5] XF 839—2009 火灾现场勘验规则

索　引

汉语拼音索引

英文对应词索引

A

ICS 13.220.01
C 80

中华人民共和国国家标准

GB/T 5907.5—2015
代替 GB/T 4718—2006,GB/T 16283—1996

消防词汇 第 5 部分:消防产品

Fire protection vocabulary—Part 5:Fire products

2015-05-15 发布

2015-08-01 实施

中华人民共和国国家质量监督检验检疫总局
中国国家标准化管理委员会 发布

前　言

GB/T 5907《消防词汇》分为五个部分：
——第1部分：通用术语；
——第2部分：火灾预防；
——第3部分：灭火救援；
——第4部分：火灾调查；
——第5部分：消防产品。

本部分为 GB/T 5907 的第5部分。

本部分按照 GB/T 1.1—2009 给出的规则起草。

本部分代替 GB/T 4718—2006《火灾报警设备专业术语》、GB/T 16283—1996《固定式灭火系统基本术语》。除编辑性修改外，删除和修改了部分术语和定义，对消防产品进行了归类并补充了部分词汇。

与本部分相关的通用术语收录在 GB/T 5907 的第1部分。

进一步细分的消防产品名称、性能、参数等术语在具体的产品标准中界定。

本部分起草时参考了 ISO 8421-3：1989《消防词汇　第3部分：火灾探测和报警》、ISO 8421-4：1990《消防词汇　第4部分：灭火设备》和 ISO 8421-8：1990《消防词汇　第8部分：消防救援和危险物品储运》。

本部分由中华人民共和国公安部提出。

本部分由全国消防标准化技术委员会基础标准分技术委员会（SAC/TC 113/SC 1）归口。

本部分起草单位：公安部天津消防研究所、公安部上海消防研究所、公安部沈阳消防研究所、公安部四川消防研究所、公安部消防产品合格评定中心。

本部分主要起草人：屈励、姚松经、李毅、庄爽、朱青、毛毅平、张德成、程道彬、韩伟平、沈坚敏、隋虎林、毕少颖、诸容、卢韶然、王艳娥、丁敏、高云升。

本部分代替了 GB/T 4718—2006 和 GB/T 16283—1996。

GB/T 4718—2006 的历次版本发布情况为：
——GB 4718—1984、GB/T 4718—1996。

消防词汇　第5部分:消防产品

1 范围

GB/T 5907 的本部分界定了消防产品的常用术语和定义。

本部分适用于消防管理、消防标准化、消防工程、消防科学研究、教学、咨询、出版及其他有关工作领域。

2 术语和定义

2.1 火灾报警设备

2.1.1 火灾报警触发器件

2.1.1.1
火灾报警触发器件　**fire alarm trigger part**
通过探测周围使用环境与火灾相关的物理或化学现象的变化,向火灾报警控制器传送火灾报警信号的器件。

2.1.1.2
火灾探测器　**fire detector**
作为火灾自动报警系统的一个组成部分,使用至少一种传感器持续或间断监视与火灾相关的至少一种物理和/或化学现象,并向控制器提供至少一种火灾探测信号。

2.1.1.3
感烟火灾探测器　**smoke detector**
探测悬浮在大气中的燃烧和/或热解产生的固体或液体微粒的**火灾探测器**(2.1.1.2)。

2.1.1.4
感温火灾探测器　**heat detector**
对温度和/或温度变化响应的**火灾探测器**(2.1.1.2)。

2.1.1.5
点型火灾探测器　**point-type fire detector**
由一个或多个小型传感器组成的、探测同一部位火灾参数的**火灾探测器**(2.1.1.2)。

2.1.1.6
点型离子感烟火灾探测器　**point-type ionization smoke detector**
根据电离原理探测火灾的**点型火灾探测器**(2.1.1.5)。

2.1.1.7
点型光电感烟火灾探测器　**point-type photoelectric smoke detector**
根据散射光、透射光原理探测火灾的**点型火灾探测器**(2.1.1.5)。

2.1.1.8
点型感温火灾探测器　**point-type heat detector**
对温度和/或温度变化响应的**点型火灾探测器**(2.1.1.5)。

2.1.1.9

线型火灾探测器 line-type fire detector

连续探测某一路线周围火灾参数的**火灾探测器**(2.1.1.2)。

2.1.1.10

线型感温火灾探测器 line-type heat detector

对某一路线周围温度和/或温度变化响应的**线型火灾探测器**(2.1.1.9)。

2.1.1.11

线型光束感烟火灾探测器 line-type smoke detector using an optical light beam

应用光束被烟雾粒子吸收而减弱的原理探测火灾的线型感烟火灾探测器。

2.1.1.12

图像型火灾探测器 image type fire detector

使用摄像机、红外热成像器件等视频设备或其组合方式获取监控现象视频信息,进行火灾探测的**火灾探测器**(2.1.1.2)。

2.1.1.13

一氧化碳火灾探测器 carbon monoxide fire detector

对一氧化碳响应的**火灾探测器**(2.1.1.2)。

2.1.1.14

可燃气体探测器 combustible gas detector

由气敏传感器、电路和外壳等组成,用于探测可燃气体并向**可燃气体报警控制器**(2.1.2.2)提供可燃气体探测信号。

2.1.1.15

火焰探测器 flame detector

对火焰光辐射响应的**火灾探测器**(2.1.1.2)。

2.1.1.16

紫外火焰探测器 ultraviolet flame detector

对火焰中波长小于 300 nm 的紫外光辐射响应的**火焰探测器**(2.1.1.15)。

2.1.1.17

红外火焰探测器 infrared flame detector

对火焰中波长大于 850 nm 的红外光辐射响应的**火焰探测器**(2.1.1.15)。

2.1.1.18

电气火灾监控探测器 electrical fire monitoring detector

探测被保护线路中的剩余电流、温度等电气火灾危险参数变化的探测器。

2.1.1.19

手动火灾报警按钮 manual fire call point

通过手动启动器件发出火灾报警信号的装置。

2.1.1.20

消火栓按钮 hydrant startup point

用于手动启动消火栓(2.7.3.1)的按钮。

2.1.2 火灾报警控制装置

2.1.2.1

火灾报警控制器 fire alarm control unit

作为火灾自动报警系统的控制中心,能够接收并发出火灾报警信号和故障信号,同时完成相应的显示和控制功能的设备。

2.1.2.2

可燃气体报警控制器 combustible gas alarm control unit

作为可燃气体探测报警系统的控制中心,能为可燃气体探测器供电、显示可燃气体浓度及接收并发出可燃气体报警信号和故障信号,同时完成相应的显示和控制功能的设备。

2.1.2.3

电气火灾监控设备 electrical fire monitoring system

能接收来自电气火灾监控探测器的报警信号,发出声、光报警信号和控制信号,指示报警部位,记录并保存报警信息的装置。

2.1.3 火灾警报装置

2.1.3.1

火灾警报装置 fire alarm signaling device

与火灾报警控制器分开设置,火灾情况下能够发出声和/或光火灾警报信号的装置。又称火灾声和/或光警报器。

2.1.3.2

火灾显示盘 fire display panel

作为火灾报警指示设备的一部分,能够接收火灾报警控制器发出的信号,显示发出火警部位或区域,并能发出声光火灾信号的装置。

2.1.4 消防联动控制设备

2.1.4.1

消防联动控制器 automatic control equipment for fire protection

接收火灾报警控制器或其他火灾触发器件发出的火灾报警信号,根据设定的控制逻辑发出控制信号,控制各类消防设备实现相应功能的控制设备。

2.1.4.2

消防应急广播设备 sound equipment for fire emergency

用于火灾情况下的专门广播设备。

2.1.4.3

消防电话 fire telephone

火灾情况下使用的专用电话。

2.1.4.4

消防控制中心图形显示装置 graphic display in fire control center

消防控制室中安装的用来显示现场各类消防设备在建筑中布局、工作状态及其他消防安全信息的显示装置。

2.2 消防车

2.2.1

消防车 fire fighting vehicle

根据需要,设计制造成适宜消防队员乘用、装备各类消防器材或灭火剂,供消防部队用于灭火、辅助灭火或消防救援的车辆。

2.2.2

泵浦消防车 pumper fire fighting vehicle

主要装备消防泵,不配备灭火剂罐,直接利用水源灭火或供水的消防车。

2.2.3

水罐消防车 water tank fire fighting vehicle

主要装备车用消防泵(2.7.1.2)和水罐,以水为主要灭火剂的消防车(2.2.1)。

2.2.4

泡沫消防车 foam fire fighting vehicle

主要装备车用消防泵(2.7.1.2)、水罐、泡沫液(2.6.2.2)罐和水-泡沫灭火剂混合设备的消防车(2.2.1)。

2.2.5

干粉消防车 dry powder fire fighting vehicle

主要装备干粉灭火剂(2.6.3.1)罐、成套干粉喷射装置的消防车(2.2.1)。

2.2.6

干粉泡沫联用消防车 dry powder and foam fire fighting vehicle

主要装备车用消防泵(2.7.1.2)、水罐、泡沫液(2.6.2.2)罐和干粉灭火剂(2.6.3.1)罐,可同时或按顺序喷射干粉和泡沫灭火的消防车(2.2.1)。

2.2.7

干粉水联用消防车 dry powder and water fire fighting vehicle

主要装备车用消防泵(2.7.1.2)、水罐和干粉灭火剂(2.6.3.1)罐,可同时或按顺序喷射干粉和水灭火的消防车(2.2.1)。

2.2.8

气体消防车 gas fire fighting vehicle

主要装备气体灭火剂(2.6.1.1)瓶,以气体为灭火剂的消防车(2.2.1)。

2.2.9

压缩空气泡沫消防车 compressed air foam system(CAFS)fire fighting vehicle

主要装备水罐和泡沫液(2.6.2.2)罐,通过压缩空气泡沫系统喷射泡沫灭火的消防车(2.2.1)。

2.2.10

高倍泡沫消防车 high-expansion foam fire fighting vehicle

主要装备水罐和泡沫液(2.6.2.2)罐,通过高倍数泡沫发生器(2.9.1.2)喷射高倍泡沫灭火的消防车(2.2.1)。

2.2.11

水雾消防车 water mist fire fighting vehicle

主要装备水罐和水雾灭火装置的消防车(2.2.1)。

2.2.12

高压射流消防车 high-pressure water puncture fire fighting vehicle

主要装备水罐和高压射流装置,利用高压水流击穿或切割障碍物灭火的消防车(2.2.1)。

2.2.13

涡喷消防车 turbo-jet engine fire fighting vehicle

主要装备车用消防泵(2.7.1.2)、水罐、泡沫液(2.6.2.2)罐,利用燃气涡轮发动机喷射灭火剂的消防车(2.2.1)。

2.2.14

机场消防车 airport fire fighting vehicle

主要装备越野底盘、车用消防泵(2.7.1.2)、水罐和泡沫液(2.6.2.2)罐,具有加速快,越野性好,自动控制程度高,可在行驶中喷射灭火剂,用于扑救飞机火灾的消防车(2.2.1)。

2.2.15

隧道消防车　tunnel fire fighting vehicle

主要装备增压驾驶室、乘员室和发动机舱，具有双向行驶功能，用于扑救隧道火灾的**消防车**(2.2.1)。

2.2.16

轨道消防车　track fire fighting vehicle

主要装备轨道行驶装置，用于扑救地铁或其他轨道火灾的**消防车**(2.2.1)。

2.2.17

水陆两用消防车　amphibious fire fighting vehicle

主要装备水陆两用驱动装置，既可以在陆地行驶，又可以在水中航行的两栖**消防车**(2.2.1)。

2.2.18

履带消防车　crawler fire fighting vehicle

主要装备履带行走装置，用于在复杂地形条件下扑救火灾或向灾害现场运输人员、器材和物资的**消防车**(2.2.1)。

2.2.19

登高平台消防车　platform fire fighting vehicle

主要装备直臂或曲臂登高平台，可向高空输送消防人员、灭火物资、救援被困人员或喷射灭火剂的**消防车**(2.2.1)。

2.2.20

云梯消防车　aerial ladder fire fighting vehicle

主要装备伸缩云梯，可向高空输送消防人员、灭火物资、救援被困人员或喷射灭火剂的**消防车**(2.2.1)。

2.2.21

举高喷射消防车　water tower fire fighting vehicle

主要装备直臂或曲臂及供液管路，顶端安装消防炮或破拆装置、可高空喷射灭火剂或实施破拆的**消防车**(2.2.1)。

2.2.22

通信指挥消防车　command and communication fire fighting vehicle

主要装备无线通信、发电、照明、火场录像、扩音等设备，用于灾害现场通信联络和指挥的**消防车**(2.2.1)。

2.2.23

抢险救援消防车　rescue fire fighting vehicle

主要装备抢险救援器材、随车吊或具有起吊功能的随车叉车、绞盘和照明系统，用于在灾害现场实施抢险救援的**消防车**(2.2.1)。

2.2.24

化学救援消防车　chemical accident rescue fire fighting vehicle

主要装备化学事故处置器材和装备，用于处置化学灾害事故的**消防车**(2.2.1)。

2.2.25

输转消防车　transport and return fire fighting vehicle

主要装备真空泵和储存罐，具有抽吸、排放和储存能力，用于事故现场输转危险物品的**消防车**(2.2.1)。

2.2.26

照明消防车　lighting fire fighting vehicle

主要装备固定照明灯、移动照明灯和发电机，用于灾害现场照明的**消防车**(2.2.1)。

2.2.27

排烟消防车　smoke exhauster fire fighting vehicle

主要装备固定排烟送风装置,用于排烟、通风的消防车(2.2.1)。

2.2.28

洗消消防车 decontamination fire fighting vehicle

主要装备水泵、水加热装置和冲洗、中和、消毒的药剂,对被化学品、毒剂等污染的人员、地面、楼房、设备、车辆等实施冲洗和消毒的消防车(2.2.1)。

2.2.29

侦检消防车 reconnaissance and detection fire fighting vehicle

主要装备多种有害物质侦检设备,用于检测灾害现场是否存在有害物质的消防车(2.2.1)。

2.2.30

勘察消防车 fire scene investigation vehicle

主要装备各类探测、取样和分析仪器,用于勘察火灾现场的消防车(2.2.1)。

2.2.31

宣传消防车 fire safety publicity vehicle

主要装备各种模拟灾害现场的装置,用于向公众宣传消防知识的消防车(2.2.1)。

2.2.32

水带敷设消防车 hose laying fire fighting vehicle

主要装备水带敷设和回收装置,用于铺设和回收直径大于或等于100 mm水带的消防车(2.2.1)。

2.2.33

器材消防车 equipment storage fire fighting vehicle

主要装备各种消防器材并按要求放置和固定在器材箱内,用于向灾害现场运送器材的消防车(2.2.1)。

2.2.34

供气消防车 compressed air supply fire fighting vehicle

主要装备高压空气压缩机、高压储气瓶组、防爆充气箱等装置,给空气呼吸器瓶充气或给气动工具提供气源的消防车(2.2.1)。

2.2.35

供液消防车 foam liquid supply fire fighting vehicle

主要装备液体泵和液体灭火剂罐,用于输送各类液体灭火剂的消防车(2.2.1)。

2.2.36

供水消防车 water supply fire fighting vehicle

主要装备车用消防泵(2.7.1.2)和大容量水罐,用于向灾害现场供水的消防车(2.2.1)。

2.2.37

自装卸式消防车 self-loading fire fighting vehicle

主要装备自装卸机构,用于将装有消防装备的模块(器材箱)快速运抵灾害现场的消防车(2.2.1)。

2.3 消防装备

2.3.1 消防员防护装备

2.3.1.1

消防头盔 fire fighter helmet

由帽壳、佩戴装置、下颏带、面罩、披肩等部件组成,用于保护头部、颈部以及面部免受热辐射、侧面挤压、坠落物冲击和穿透等伤害的防护装备。

2.3.1.2

消防手套 fire fighter gloves

由阻燃外层、防水层、隔热层和衬里等四层材料组合制成,用于保护手部免受热传导、热辐射、水浸和机械等伤害的防护装备。

2.3.1.3

[消防员]灭火防护靴 fire fighter boots

由靴头、靴面、靴筒和靴底组成,用于保护脚和小腿免受水浸、外力损伤、热传导和热辐射等伤害的防护装备。

注:靴面材料为橡胶的称为灭火防护胶靴;靴面材料为皮革的称为灭火防护皮靴。

2.3.1.4

消防指挥服 protective clothing for fire commander

消防指挥员灭火救援时穿着的消防员防护服装。

2.3.1.5

[消防员]灭火防护服 protective clothing for fire fighter

由阻燃外层、防水透气层、隔热层、舒适层等多层织物复合组成,用于保护上下躯干、头颈、手臂、腿免受热传导、热辐射和水浸等伤害的防护装备。

注:消防员灭火防护服的防护范围不包括头部、手部和脚部。

2.3.1.6

[消防员]隔热防护服 protective clothing for proximity fire fighting

由金属铝箔复合阻燃外层、隔热层、舒适层等多层织物复合组成,用于保护上下躯干、头部、手部和脚部免受强热辐射伤害的防护装备。

注:消防员隔热防护服包括隔热上衣、隔热裤、隔热头套、隔热手套以及隔热脚套。

2.3.1.7

[消防员]抢险救援防护服 protective clothing for resuce

由阻燃外层、防水透气层、舒适层等多层织物复合组成,用于保护上下躯干、头颈、手臂、腿免受外力伤害的防护装备。

注:消防员抢险救援防护服的防护范围不包括头部、手部、踝部和脚部。

2.3.1.8

[消防员]化学防护服 chemical protective clothing for fire fighter

消防员在处置化学品事件中穿着的防护服装。

2.3.1.9

[消防]安全绳 safety rope for fire fighter

消防部队在灭火救援、抢险救灾或日常训练中仅用于承载人的绳子。

2.3.1.10

[消防]安全带 safety harness and belt for fire fighter

消防安全吊带(2.3.1.11)和消防安全腰带(2.3.1.12)的统称。

2.3.1.11

[消防]安全吊带 safety harness for fire fighter

一种围于人体躯干带有必要金属零件的织带,用以承受人体重量以保护其安全。

2.3.1.12

[消防]安全腰带 safety belt for fire fighter

一种紧扣于腰部的带有必要金属零件的织带,用于消防员登梯作业和逃生自救。

2.3.1.13

安全钩 carabiner and snap-link

带有手锁或自锁开口的金属承载连接部件,通常为椭圆形或 D 形,用于装备之间或装备与固定点

GBT 5907.5—2015

之间的连接。

2.3.1.14

消防员呼救器　special call unit for fire fighter

消防员在灭火救援过程中随身佩戴的具有手动、自动声光报警功能的呼救装置。

2.3.1.15

正压式消防空气呼吸器　self-contained positive pressure air breathing apparatus for fire fighter

由面罩总成、供气阀总成、气瓶总成、减压器总成、背托总成等组成,呼吸时使用气瓶内的空气,且面罩内的气压大于外界大气压的呼吸保护防护装备。

2.3.1.16

正压式消防氧气呼吸器　self-contained positive pressure oxygen breathing apparatus for fire fighter

由供氧系统、正压呼吸循环系统、安全及报警系统和壳体背带系统等组成,呼吸时使用氧气瓶内的氧气,且面罩内的气压大于外界大气压的呼吸保护防护装备。

2.3.1.17

消防腰斧　hatcher for fire fighter

由斧头、斧柄和橡胶柄套组成,消防员随身佩戴在灭火救援时用于手动破拆非带电障碍物的斧头。

2.3.2　消防枪

2.3.2.1

消防枪　fire branch

由单人或双人携带和操作的灭火剂喷射器具。

2.3.2.2

消防水枪　fire nozzle;fire water branch

喷射水的消防枪(2.3.2.1)。

2.3.2.3

直流水枪　fire nozzle with straight stream

喷射充实水流的消防水枪(2.3.2.2)。

2.3.2.4

直流喷雾水枪　nozzle with straight stream and fog stream;combination spray nozzle

既能喷射充实水流,又能喷射雾状水流,并具有开启、关闭功能的消防水枪(2.3.2.2)。

2.3.2.5

直流开花水枪　nozzle with straight stream and safeguarding water stream

既能喷射充实水流,又能喷射开花水流,并具有开启、关闭功能的消防水枪(2.3.2.2)。

2.3.2.6

脉冲气压喷雾水枪　impulse air pressure spray gun

利用压缩空气的急剧膨胀与水撞击混合后,以脉冲的方式喷射出高速细水雾的灭火装置。

2.3.2.7

泡沫枪　foam nozzle

利用内部的泡沫溶液(2.6.2.3)喷嘴形成局部负压吸入空气产生和喷射空气泡沫的消防枪(2.3.2.1)。

2.3.2.8

干粉枪　powder nozzle

喷射干粉灭火剂(2.6.3.1)的消防枪(2.3.2.1)。

84

2.3.3 消防炮

2.3.3.1

消防炮　fire monitor

设置在消防车(2.2.1)、地面及其他消防设施上,以射流形式喷射灭火剂的大型装置。

注:一般情况下喷射水或泡沫溶液(2.6.2.3)流量大于16 L/s,干粉喷射流量大于7 kg/s。

2.3.3.2

固定式消防炮　fixed fire monitor

安装在固定支座上的消防炮(2.3.3.1),包括固定安装在消防车(2.2.1)上的消防炮(2.3.3.1)。

2.3.3.3

移动式消防炮　mobile fire monitor

安装在可移动支座上的消防炮(2.3.3.1),包括固定安装在拖车上的消防炮(2.3.3.1)。

2.3.3.4

消防水炮　water fire monitor

喷射水的消防炮(2.3.3.1)。

2.3.3.5

泡沫炮　foam fire monitor

流量大于16 L/s,以射流形式喷射泡沫灭火剂(2.6.2.1)的消防炮(2.3.3.1)。

2.3.3.6

干粉炮　powder fire monitor

喷射干粉灭火剂(2.6.3.1)的消防炮(2.3.3.1)。

2.3.3.7

远控消防炮　remote-controlled fire monitor

具有有线或无线远距离控制操作功能的消防炮(2.3.3.1)。

2.3.4 消防摩托车

2.3.4.1

消防摩托车　fire motorcycle

固定安装有能够扑救小型相应类型火灾的消防灭火装置或固定安装有少量特种救援装置的摩托车。

2.3.5 抢险救援装备

2.3.5.1

消防破拆工具　fire forcible entry tool

用于开启门窗、破拆建筑结构和清理火场的各种消防器具。

2.3.5.2

消防挠钩　pike pole

带有弯钩的长矛,具有穿刺、拉拽功能的手动消防破拆工具(2.3.5.1)。

2.3.5.3

消防斧　fire axe

用于刺穿、切割和撬动金属或打破、拆卸玻璃用的多功能消防破拆工具(2.3.5.1)。

2.3.5.4

消防救生气垫　fire rescue air-cushion

仅供消防部队紧急救援时所使用,具有一定阻燃性能,用于承接高处落下人员的气垫。

2.3.5.5

救生网　life net

用于接救和防护从高处落下人员的网。

2.3.5.6

消防梯　fire ladder

用于火场登高或翻越障碍的轻便梯。

2.3.5.7

挂钩梯　hook ladder

可以钩住窗台、栏杆或其他突出物以便攀爬建筑物的短消防梯(2.3.5.6)。

2.3.5.8

拉梯　extension ladder

一般用绳索拉伸出去,在直线方向延伸的多节消防梯(2.3.5.6)。

注:常见的有二节拉梯和三节拉梯结构形式。

2.3.5.9

单杠梯　attic ladder

横梁与纵梁铰接,使两根纵梁可以折叠合拢的消防梯(2.3.5.6)。

2.3.5.10

软梯　rope ladder

纵梁为绳子,横梁为木头或轻金属的消防梯(2.3.5.6)。

2.3.5.11

云梯　scaling ladder

由几节梯段连在一起,可在一定范围内升高或降低的锥形分段消防梯(2.3.5.6)。

2.3.5.12

救生抛投器　life-throwing appliance

以压缩空气为动力,可远距离抛投带有牵引抛绳、救生绳、水用抛绳(带自动充气救生圈)等救生设备的装置。

2.4　消防水带

2.4.1　消防水带

2.4.1.1

消防水带　fire hose

两端均带有消防接口,用于输送灭火剂的软管。

2.4.1.2

水带护桥　hose bridge

设有水带通过的沟槽,使其免受过往车辆碾压,表面有双向坡度的器具。

2.4.2　轻便消防水龙

2.4.2.1

轻便消防水龙　portable hose assembly

在自来水供水管路上使用的由专用消防接口、水带及水枪组成的一种小型简便的喷水灭火器具。

2.4.3 消防软管卷盘

2.4.3.1

消防软管卷盘 **fire hose reel**

由阀门、输入管路、卷盘、软管和喷枪等组成,并能在迅速展开软管的过程中喷射灭火剂的灭火器具。

2.4.4 消防吸水管

2.4.4.1

消防吸水管 **fire suction hose**

一端带有**消防接口**(2.7.6.1),另一端带有**消防滤水器**,或两端均带有**消防接口**(2.7.6.1),供**消防泵**(2.7.1.1)从天然水源或**消火栓**(2.7.3.1)吸水的管。

2.5 灭火器

2.5.1 手提式灭火器

2.5.1.1

手提式灭火器 **portable fire extinguisher**

能在其内部压力作用下,将灭火剂喷出以扑救火灾,并可手提移动的灭火器。

2.5.1.2

贮气瓶式灭火器 **gas cartridge extinguisher**

灭火剂由灭火器的贮气瓶释放的压缩气体或液化气体的压力驱动的灭火器。

2.5.1.3

贮压式灭火器 **stored pressure extinguisher**

灭火剂由贮于灭火器同一容器内的压缩气体或灭火剂蒸气压力驱动的灭火器。

2.5.2 推车式灭火器

2.5.2.1

推车式灭火器 **wheeled fire extinguisher**

装有轮子,可由一人推(或拉)至火场,并能在其内部压力作用下,将灭火剂喷出以扑救火灾的灭火器。

2.5.3 简易式灭火器

2.5.3.1

简易式灭火器 **simplified fire extinguisher**

可任意移动的、灭火剂充装量小于 1 000 mL(g),由一只手指开启的,不可重复充装使用的一次性**贮压式灭火器**(2.5.1.3)。

2.5.3.2

灭火毯 **fire blanket**

由不燃织物编织而成,用于扑灭初起小面积火的毯子。

2.6 灭火剂

2.6.1 气体灭火剂

2.6.1.1

气体灭火剂 **gas extinguishing agent**

以气体状态进行灭火的灭火剂。

2.6.1.2

卤代烷灭火剂　halon extinguishing agent

具有灭火作用的卤代碳氢化合物统称。

2.6.1.3

二氟一氯一溴甲烷灭火剂　bromochlorodifluoromethane extinguishing agent

1211 灭火剂　halon 1211 extinguishing agent

用于灭火的二氟一氯一溴甲烷(1211)。

注：依次按含碳、氟、氯、溴原子个数排列,二氟一氯一溴甲烷简写为1211。

2.6.1.4

三氟一溴甲烷灭火剂　bromotrifluoromethane extinguishing agent

1301 灭火剂　halon 1301 extinguishing agent

用于灭火的三氟一溴甲烷(1301)。

注：依次按含碳、氟、氯、溴原子个数排列,三氟一溴甲烷简写为1301。

2.6.1.5

七氟丙烷(HFC-227ea)灭火剂　heptafluoropropane(HFC-227ea)extinguishing agent

用于灭火的七氟丙烷(HFC-227ea)。

注：按我国的化学系统命名法应为1,1,1,2,3,3,3-七氟丙烷。依照国际通用卤代烷命名法则称为HFC227ea。

2.6.1.6

二氧化碳灭火剂　carbon dioxide extinguishing agent

用于灭火的二氧化碳。

2.6.1.7

惰性气体灭火剂　inert gas extinguishing agent

由氮气、氩气以及二氧化碳气按一定质量比混合而成的**气体灭火剂**(2.6.1.1)。

2.6.2　泡沫灭火剂

2.6.2.1

泡沫灭火剂　foam extinguishing agent

泡沫液(2.6.2.2)与水混溶,并通过机械方法或化学反应产生的灭火泡沫。

2.6.2.2

泡沫液　foam concentrate

泡沫浓缩液

泡沫原液

可按适宜的浓度与水混合形成泡沫溶液的浓缩液体。

2.6.2.3

泡沫溶液　foam solution

泡沫混合液

由泡沫液与水按规定浓度配制成的溶液。

2.6.2.4

低倍数泡沫液　low expansion foam concentrate

可产生发泡倍数为1~20倍的**泡沫液**(2.6.2.2)。

2.6.2.5

中倍数泡沫液　medium expansion foam concentrate

产生发泡倍数介于21~200倍的**泡沫液**(2.6.2.2)。

2.6.2.6

高倍数泡沫液 high expansion foam concentrate

产生发泡倍数高于 200 倍的**泡沫液**(2.6.2.2)。

2.6.2.7

蛋白泡沫液 protein foam concentrate

由含蛋白的原料经部分水解制得的**泡沫液**(2.6.2.2)。

2.6.2.8

氟蛋白泡沫液 fluoro protein foam concentrate

添加氟碳表面活性剂的**蛋白泡沫液**(2.6.2.7)。

2.6.2.9

水成膜泡沫液 aqueous film forming foam concentrate

以碳氢表面活性剂和氟碳表面活性剂为基料,可在某些烃类表面上形成一层水膜的**泡沫液**(2.6.2.2)。

2.6.2.10

成膜氟蛋白泡沫液 film forming fluoroprotein foam concentrate

能够在某些烃类表面形成一层水膜的**氟蛋白泡沫液**(2.6.2.8)。

2.6.2.11

合成泡沫液 synthetic foam concentrate

以表面活性剂的混合物和稳定剂为基料制成的**泡沫液**(2.6.2.2)。

2.6.2.12

抗醇泡沫液 alcohol resistant foam concentrate;AR

抗溶泡沫液

所产生的泡沫施放到醇类或其他极性溶剂表面时,可抵抗其对泡沫破坏性的**泡沫液**(2.6.2.2)。

2.6.2.13

A 类泡沫液 class A foam concentrate

主要用于扑救 A 类燃料火灾的**泡沫液**(2.6.2.2)。

2.6.3 干粉灭火剂

2.6.3.1

干粉灭火剂 powder extinguishing agent

用于灭火的干燥、易于流动的细微粉末。

2.6.3.2

ABC 干粉灭火剂 ABC powder extinguishing agent

适于扑救 A 类、B 类和 C 类火灾的**干粉灭火剂**(2.6.3.1)。

2.6.3.3

BC 干粉灭火剂 BC powder extinguishing agent

适于扑救 B 类和 C 类火灾的**干粉灭火剂**(2.6.3.1)。

2.6.3.4

超细干粉灭火剂 superfine powder extinguishing agent

90%粒径小于或等于 20 μm 的**干粉灭火剂**(2.6.3.1)。

2.6.4 水系灭火剂

2.6.4.1

水系灭火剂 water-based extinguishing agent

由水、渗透剂、阻燃剂以及其他添加剂组成，一般以液滴或以液滴和泡沫混合的形式灭火的液体灭火剂。

2.6.4.2

抗醇性水系灭火剂 alcohol resistant water based extinguishing agent

适用于扑灭 A 类火灾和 B 类火灾（水溶性和非水溶性液体燃料）的**水系灭火剂**（2.6.4.1）。

2.6.4.3

非抗醇性水系灭火剂 non-alcohol resistant water based extinguishing agent

适用于扑灭 A 类火灾或 A、B 类火灾（水溶性和非水溶性液体燃料）的**水系灭火剂**（2.6.4.1）。

2.6.5 其他灭火剂

2.6.5.1

气溶胶灭火剂 aerosol extinguishing agent

通过燃烧或其他方式产生具有灭火效能气溶胶的灭火剂。

2.6.5.2

热气溶胶灭火剂 condensed aerosol extinguishing agent

通过燃烧产生具有灭火效能气溶胶的灭火剂。

2.7 消防供水设备

2.7.1 消防泵

2.7.1.1

消防泵 fire pump

安装于**消防车**（2.2.1）、固定灭火系统或其他消防设施上，用作输送水或**泡沫溶液**（2.6.2.3）等液体灭火剂的专用泵。

2.7.1.2

车用消防泵 vehicle fire pump；vehicular fire-fighting pump

安装在**消防车**（2.2.1）底盘上的**消防泵**（2.7.1.1）。

2.7.1.3

船用消防泵 marine fire pump

安装在船舶、海上工作平台等水上工作环境的**消防泵**（2.7.1.1）。

2.7.1.4

消防泵组 fire pump set

一般由多台**消防泵**（2.7.1.1）、动力源、控制柜以及辅助装置组成的机组。

2.7.1.5

手抬机动消防泵[组] portable fire pump set

可用人力搬运并与轻型发动机组装的**消防泵**（2.7.1.1）机组。

2.7.2 固定消防给水设备

2.7.2.1

固定消防给水设备 fixed water supply equipment for fire protection

固定安装于建筑物内，根据水灭火系统需要配置组成部件，按预设定工作方式供给消防用水的成套装置的总称。

2.7.2.2

消防气压给水设备　gas pressure fixed water supply equipment for fire protection

以气压水罐为核心部件,提供消防初期用水量,并能向消防管网自动按设定压力持续供水的**固定消防给水设备**(2.7.2.1)。

2.7.2.3

消防气体顶压给水设备　gas driven fixed water supply equipment for fire protection

通常由气压水罐、控制柜、顶压储气系统、减压释放装置等基本部件组成;消防状态时,压缩气体充入气压水罐,置换出罐内消防储水,并始终保持消防额定工作压力,向消防管网供水的**固定消防给水设备**(2.7.2.1)。

2.7.2.4

消防自动恒压给水设备　constant pressure automatic water supply equipment for fire protection

采用特定控制方式或利用泵组固有的流量压力特性,实现恒压的**固定消防给水设备**(2.7.2.1)。

2.7.2.5

消防稳压给水设备　pressure stabilizing water supply equipment for fire protection

用于维持喷水灭火系统侍应工作状态压力稳定的**固定消防给水设备**(2.7.2.1)。

2.7.2.6

消防增压给水设备　pressure boosting water supply equipment for fire protection

采用消防泵组提升消防水源压力满足灭火需要的**固定消防给水设备**(2.7.2.1)。

2.7.2.7

消防增压稳压给水设备　pressure boosting and stabilizing water supply equipment for fire protection

能满足稳压和增压两种用途的**固定消防给水设备**(2.7.2.1)。

2.7.2.8

消防无负压稳压给水设备　suction pressure regulating water supply equipment for fire protection

消防叠压稳压给水设备

直接串接到有压管网上取水,能有效利用其管网压力并且不产生负压危害的**消防稳压给水设备**(2.7.2.5)。

2.7.2.9

消防双动力给水设备　double power fixed water supply equipment for fire protection

由电动机泵组和发动机泵组组合、系统操控柜、控制仪表及其他相关附件组成,采用特定方式向消防管网持续供水的**固定消防给水设备**(2.7.2.1)。

2.7.2.10

消防水箱　fire water tank

蓄存消防用水的水箱。

2.7.2.11

消防泵站　fire pump station

提供消防用水的泵站。

2.7.3　消火栓

2.7.3.1

消火栓　fire hydrant

与供水管路连接,由阀、出水口和壳体等组成的消防供水或**泡沫溶液**(2.6.2.3)的装置。

2.7.3.2

室内消火栓　indoor fire hydrant

设于建筑物内部的**消火栓**(2.7.3.1)。

2.7.3.3

室外消火栓 outdoor fire hydrant

露天设置的**消火栓**(2.7.3.1)。

2.7.3.4

地上消火栓 overground fire hydrant

阀、出水口以及部分壳体露出地面的**室外消火栓**(2.7.3.3)。

2.7.3.5

地下消火栓 underground fire hydrant

安装于地下、地面上有盖板的**室外消火栓**(2.7.3.3)。

2.7.3.6

消防水鹤 fire water crane

由地下部分(主控水阀、排水余水装置、启闭联动机构)和地上部分(引水导流管道和护套、消防水带接口、旋转机构、伸缩机构等)组成,具有可摆动、可伸缩、防冻、启闭快速等特点,在城市给水系统中多用于**消防车**(2.2.1)快速上水的消防专用取水设施。

2.7.3.7

消火栓箱 fire cabinet

安装在消防给水管道上,由箱体、**消火栓**(2.7.3.1)、**消防水带**(2.4.1.1)、**消防水枪**(2.3.2.2)及电器设备等组成,具有给水、灭火、报警等功能的箱式固定消防装置。

2.7.4 **消防水泵接合器**

2.7.4.1

消防水泵接合器 siamese connection

固定设置在建筑物外,用于**消防车**(2.2.1)或机动泵向建筑物内消防给水系统输送消防用水和其他液体灭火剂的连接器具。

2.7.5 **分集水器**

2.7.5.1

分水器 dividing breeching

连接消防供水干线与多股出水支线的消防器具。

2.7.5.2

集水器 collecting breeching

连接多股消防供水支线与供水干线的消防器具。

2.7.6 **消防接口**

2.7.6.1

消防接口 fire coupling

供**消防水带**(2.4.1.1)、**消防吸水管**(2.4.4.1)、**消火栓**(2.7.3.1)、**消防泵**(2.7.1.1)或消防枪炮等连接用的附件。

2.7.6.2

内扣式[消防]接口 snap-type coupling

依靠两对扣爪与内滑槽相连接的**消防接口**(2.7.6.1)。

2.7.6.3

卡式[消防]接口 insertion-type coupling

依靠弹簧力或其他方式推动两个或两个以上的滑块使内外接口相连接的**消防接口**(2.7.6.1)。

2.7.6.4

螺纹式[消防]接口 screw-type coupling

依靠螺纹使内外接口相连接的**消防接口**(2.7.6.1)。

2.7.6.5

异型[消防]接口 different type coupling

异径[消防]接口

用于两种不同型式接口过渡连接的**消防接口**(2.7.6.1)。

2.7.6.6

水带接口 hose coupling

将水带与水带或水带与设备连接在一起的**消防接口**(2.7.6.1)。

2.8 喷水灭火设备

2.8.1 喷头

2.8.1.1

[洒水]喷头 sprinkler

在热的作用下,在预定的温度范围内自行启动,或根据火灾信号由控制设备启动,并按设计的洒水形状和流量洒水的一种喷水装置。

2.8.1.2

闭式[洒水]喷头 sealed sprinkler

具有热敏感释放机构,火灾时受热能自动开启的**洒水喷头**(2.8.1.1)。

2.8.1.3

开式[洒水]喷头 open sprinkler

无热敏感释放机构,喷嘴敞开,火灾时通过控制设备启动的**洒水喷头**(2.8.1.1)。

2.8.1.4

玻璃球[洒水]喷头 glass bulb sprinkler

通过玻璃球内充装的液体受热膨胀使玻璃球爆破而开启的**洒水喷头**(2.8.1.1)。

2.8.1.5

易熔元件[洒水]喷头 fusible element sprinkler

通过易熔元件受热熔化而开启的**洒水喷头**(2.8.1.1)。

2.8.1.6

自动启闭[洒水]喷头 automatic open-closes prinkler

火灾发生时能自动开启,火灾扑灭后又能自动关闭的**洒水喷头**(2.8.1.1)。

2.8.1.7

家用[洒水]喷头 domestic sprinkler

安装在家庭和其他类似居住空间内,在预定的温度范围内自行启动,按设计的洒水形状和流量洒水到设计的保护区域内的一种快速响应**洒水喷头**(2.8.1.1)。

2.8.1.8

扩大覆盖面积[洒水]喷头 extended coverage sprinkler

具有比常规洒水喷头更大的特定保护面积的**洒水喷头**(2.8.1.1)。

2.8.1.9

早期抑制快速响应[洒水]喷头　early suppression fast response sprinkler；ESFR

在热的作用下,在预定的温度范围内自行启动,使水以一定的形状和密度在设计的保护面积上分布,以达到早期抑制效果的一种洒水喷头(2.8.1.1)。

2.8.1.10

水幕喷头　drencher nozzle

可以持续地喷水形成水帘幕,对受火灾威胁表面进行保护并组成防火分隔,固定在水幕灭火系统管路中的喷射装置。

2.8.1.11

水雾喷头　water spray nozzle

在一定的压力作用下,在设定的区域内将水流分解为直径 1 mm 以下的水滴并按设计的洒水形状喷出的喷头。

2.8.1.12

水雾喷射器　water spray projector

安装在供水管路上的能够产生高压水雾的喷嘴。

2.8.2　报警阀

2.8.2.1

湿式报警阀　wet pipe alarm valve

湿式自动喷水灭火系统中,只允许水流入配水管道并在规定压力、流量下驱动配套部件报警的一种单向阀。

2.8.2.2

干式报警阀　dry pipe alarm valve

在其出口侧充以压缩气体,当气压低于某一定值时能使水自动流入配水管道并进行报警的单向阀。

2.8.2.3

雨淋报警阀　deluge alarm valve

通过电动、机械、气动或其他方法进行开启,使水能够自动流入配水管道,同时进行报警的一种单向阀。

2.8.2.4

预作用装置　preaction device

由预作用报警阀组(2.8.2.5)、控制盘、气压维持装置和空气供给装置组成,通过电动、气动、机械或其他方法进行开启,使水能够单方向流入喷水系统同时进行报警的一种单向阀组装置。

2.8.2.5

预作用报警阀组　preaction alarm valve

由预作用报警阀(单阀或组合阀)及其管路辅件组成的报警阀组。

2.8.2.6

[报警阀]延迟器　retard chamber for alarm valve

可最大限度地减少因水源压力波动或冲击而造成误报警的一种容积式装置。

2.8.2.7

[报警阀]水力传感器　water motor transmitter for alarm valve

使远传报警讯号触点动作的一种水力驱动装置。

2.8.2.8

[报警阀]水力警铃　water motor alarm for alarm valve

能发出声响的水力驱动报警装置。

2.8.3 管道及附件

2.8.3.1

消防洒水软管 flexible hose for sprinkler

自动喷水灭火系统中末端连接洒水喷头的挠性金属软管。

2.8.3.2

加速器 accelerator

不通过降低安装管路压力而是采用机械手段加速干式阀动作的快开装置。

2.8.3.3

压力开关 pressure switch

将系统的压力信号转换为电信号的自动喷水灭火系统部件。

2.8.3.4

水流指示器 water flow indicator

自动喷水灭火系统中将水流信号转换成电信号的一种报警装置。

2.8.3.5

末端试水装置 inspector's test connection

由试水阀、压力表、试水喷嘴及保护罩等组成,用于监测自动喷水灭火系统末端压力,并可检验系统启动、报警及联动等功能的装置。

2.8.4 其他喷水灭火装置

2.8.4.1

细水雾灭火装置 water mist extinguishing device

由细水雾喷头、分配管网、供水装置或水和雾化介质的供给装置等组成,可喷放雾粒直径小于400 μm细水雾进行控制、抑制及扑灭火灾的灭火装置。

2.9 泡沫灭火设备

2.9.1 泡沫产生装置

2.9.1.1

低倍数泡沫产生器 low expansion foam generator

在低倍数泡沫灭火系统中,能将**泡沫混合液**(2.6.2.3)在一定压力下吸入空气产生低倍数泡沫的部件。

2.9.1.2

高倍数泡沫发生器 high expansion foam generator

在高倍数泡沫灭火系统中,能将**泡沫混合液**(2.6.2.3)通过多孔网屏,吸入空气而产生高倍数泡沫的部件。

2.9.1.3

高背压泡沫产生器 high back-pressure foam generator

泡沫混合液(2.6.2.3)通过时能吸入空气产生低倍数泡沫,其出口具有一定压力的部件。

2.9.1.4

中倍数泡沫管枪 medium expansion foam branch pipe

手持自吸式产生中倍数泡沫的喷射管枪。

2.9.2 泡沫比例混合装置

2.9.2.1

泡沫比例混合装置 foam proportioner device

使水与**泡沫液**(2.6.2.2)按比例形成**泡沫混合液**(2.6.2.3)的设备。

2.9.2.2

管线式泡沫比例混合器 in line foam proportioner

设置在泵与泡沫设备间水带线路中,能将**泡沫液**(2.6.2.2)按预定比例吸入水带中形成**泡沫混合液**(2.6.2.3)的部件。

2.9.2.3

环泵比例混合器 pump proportioner

利用水泵进水和出水管道间的压力降,通过文丘里管能将**泡沫液**(2.6.2.2)按预定比例吸入水中形成**泡沫混合液**(2.6.2.3)的部件。

2.9.3 闭式泡沫-水喷淋装置

2.9.3.1

闭式泡沫-水喷淋装置 sealed foam-water sprinkler device

由易熔或易碎热敏元件的闭式喷头(如洒水喷头)、管路等组成,当热敏元件动作后,能够将预先充装的空气、水或**泡沫混合液**(2.6.2.3)直接喷洒到保护区内的灭火装置。

2.9.4 其他泡沫灭火装置

2.9.4.1

柜式泡沫灭火装置 cabinet foam extinguishing equipment

具有报警、喷射泡沫功能的灭火装置。

2.9.4.2

厨房设备灭火装置 restaurant fire suppression device

固定安装于厨房等高湿热环境中,由灭火剂贮存容器组件、驱动气体容器组件、管路、喷嘴、阀门、阀门驱动装置、火灾探测部件、控制装置等组成的能自动探测并实施灭火的箱式灭火装置。

2.9.4.3

泡沫喷雾灭火装置 foam-spray extinguishing equipment

由储液罐、**泡沫灭火剂**(2.6.2.1)、动力瓶组、驱动装置、减压装置、分区阀、单向阀、泡沫喷雾喷头、控制盘、管网等部件组成的灭火装置。

2.10 气体灭火设备

2.10.1 固定式气体灭火装置

2.10.1.1

二氧化碳灭火设备 carbon dioxide extinguishing equipment

由二氧化碳供应源、驱动装置、喷嘴、信号反馈装置、安全泄放装置、控制器、各类阀门和管路等组成,能够喷射二氧化碳灭火剂实施灭火的固定式气体灭火设备总称。

2.10.1.2

高压二氧化碳灭火设备 high pressure carbon dioxide extinguishing equipment

二氧化碳灭火剂在常温下储存的**二氧化碳灭火设备**(2.10.1.1)。

2.10.1.3

低压二氧化碳灭火设备　low pressure carbon dioxide extinguishing equipment

二氧化碳灭火剂在−18 ℃～−20 ℃的温度下贮存的**二氧化碳灭火设备**(2.10.1.1)。

2.10.1.4

卤代烷灭火设备　halon extinguishing equipment

由卤代烷供应源、喷嘴、信号反馈装置、安全泄放装置、控制器、各类阀门和管路等组成,能够喷射**卤代烷灭火剂**(2.6.1.2)实施灭火的固定式气体灭火设备总称。

2.10.1.5

惰性气体灭火设备　inert gas extinguishing equipment

由灭火剂瓶组、单向阀、减压装置、驱动装置、集流管、连接管、喷嘴、信号反馈装置、安全泄放装置、控制盘、检漏装置和管路管件等组成,能够喷射**惰性气体灭火剂**(2.6.1.7)实施灭火的固定式气体灭火设备总称。

2.10.1.6

容器阀　head valve

安装在瓶组上用以释放气体介质的阀门。

2.10.1.7

选择阀　select valve

将通过汇流的灭火剂引向预定防护区的控制阀。

2.10.1.8

泄压装置　pressure relief device

泄放容器、封闭管路和封闭保护空间内超压的装置。

2.10.1.9

集流管　manifold

气体灭火系统管网中,与各灭火剂贮瓶相连接的集合管。

2.10.1.10

驱动装置　actuating device

直接启动固定灭火系统的释放部件使系统动作的执行机构。

2.10.1.11

控制装置　control device

能直接或间接接收火灾报警信号,按需要做出判断,并对驱动装置及其他消防设备下达动作指令的装置。

2.10.1.12

[阀门]驱动器　valve actuator

能直接启动容器阀,使装置投入灭火状态的执行机构。

2.10.2　柜式气体灭火装置

2.10.2.1

柜式气体灭火装置　cabinet-type gas extinguishing device

由气体灭火剂瓶组、管路、喷嘴、信号反馈部件、检漏部件、驱动部件、减压部件(氮气、氩气灭火装置)、火灾探测部件、控制器组成的能自动探测并实施灭火的柜式灭火装置。

注:火灾探测部件、控制器可与柜体分装。

2.10.3　悬挂式气体灭火装置

2.10.3.1

悬挂式气体灭火装置　hanging-type gaseous extinguishing device

由灭火剂贮存容器、启动释放组件、悬挂支架(座)等组成可悬挂或壁挂式安装,能自动或手动(电气启动或机械应急启动)启动喷放气体灭火剂的灭火装置。

2.10.4 其他气体灭火装置

2.10.4.1

排油注氮灭火装置 oil evacuation and nitrogen injection extinguishing device

通常由消防控制柜、消防柜、断流阀、火灾探测装置和排油注氮管路等组成,具有自动探测变压器火灾、自动(或)手动启动、控制排油阀开启排油卸压、同时断流阀能有效阻止储油柜至油箱的油路并控制氮气释放阀开启向变压器内注入氮气等功能的灭火装置。

2.10.4.2

热气溶胶灭火装置 condensed aerosol extinguishing device

通常由引发器、气溶胶发生剂和发生器、冷却装置(剂)、反馈元件、外壳及与之配套的火灾探测装置和控制装置组成,使气溶胶发生剂通过燃烧反应产生气溶胶灭火剂的装置。

2.11 干粉灭火设备

2.11.1 固定式干粉灭火设备

2.11.1.1

固定式干粉灭火设备 fixed powder extinguishing equipment

由干粉贮存容器、驱动组件、输送管道、喷放组件、探测和控制器件等固定安装组成,能够喷射干粉灭火剂(2.6.3.1)实施灭火的灭火设备总称。

2.11.1.2

干粉喷嘴 powder nozzle

喷射干粉的喷嘴。

2.11.2 柜式干粉灭火装置

2.11.2.1

柜式干粉灭火装置 cabinet-type powder extinguishing device

集干粉贮存容器、驱动组件、干粉灭火剂喷放组件和探测、控制器于一体的柜式灭火装置。

2.11.3 悬挂式干粉灭火装置

2.11.3.1

悬挂式干粉灭火装置 hanging powder extinguishing device

由贮存容器、电爆阀和干粉喷嘴(2.11.1.2)等组成,具有自动报警、自动喷洒干粉灭火剂(2.6.3.1)的完整功能,具有短管网或无管网的单一的固定灭火装置。

2.11.4 其他干粉灭火装置

2.11.4.1

壁挂式干粉灭火装置 wall-mounted powder extinguishing equipment

挂放于墙壁之上的悬挂式干粉灭火装置(2.11.3.1)。

2.12 建筑防排烟设备

2.12.1 防火排烟阀

2.12.1.1

防火阀 fire damper

一般由阀体、叶片、执行机构和温感器等部件组成,安装在通风、空气调节系统的送、回风管道上,平时呈开启状态,火灾时当管道内烟气温度达到 70 ℃时关闭,并在一定时间内能满足漏烟量和耐火完整性要求,起隔烟阻火作用的阀门。

2.12.1.2

排烟防火阀　fire damper for smoke-venting system

一般由阀体、叶片、执行机构和温感器等部件组成,安装在机械排烟系统的管道上,平时呈开启状态,火灾时当排烟管道内烟气温度达到 280 ℃时关闭,并在一定时间内能满足漏烟量和耐火完整性要求,起隔烟阻火作用的阀门。

2.12.1.3

排烟阀　smoke damper

一般由阀体、叶片、执行机构等部件组成,安装在机械排烟系统各支管端部(烟气吸入口)处,平时呈关闭状态并满足漏风量要求,火灾或需要排烟时手动和电动打开,起排烟作用的阀门。

注:带有装饰口或进行过装饰处理的排烟阀称为"排烟口"。

2.12.1.4

排油烟气防火止回阀　vapor exhausting and fire resisting damper

安装在厨房吸油烟机或卫生间排风机后端至具有耐火等级的共用排风管道进口处,风机工作时呈开启状态(排出废气),风机不工作时处于自然关闭状态(防止废气回流),屋内或共用风道内气温达到规定值时可自动关闭,并在规定时间内能满足耐火性能要求,起隔烟阻火作用的阀门。

2.12.2　消防排烟风机

2.12.2.1

排烟风机　smoke and heat exhausting ventilator

安装在建筑物的机械排烟系统中,在建筑物发生火灾时可用于排除火灾烟气的固定式电动装置。

2.12.3　挡烟垂壁

2.12.3.1

挡烟垂壁　smoke curtain

用不燃材料制成,垂直安装在建筑顶棚、横梁或吊顶下能在火灾时形成一定的蓄烟空间的挡烟分隔设施。

2.13　逃生避难装置

2.13.1　消防应急照明和疏散指示装置

2.13.1.1

消防应急灯具　fire emergency luminaire

为人员疏散、消防作业提供应急照明和指示标志的各类灯具。

2.13.1.2

消防应急照明灯具　fire emergency lighting luminaire

为人员疏散、消防作业提供照明的**消防应急灯具**(2.13.1.1)。

2.13.1.3

消防应急标志灯具　fire emergency indicating luminaire

为人员疏散、消防作业提供指示的、带有消防安全标志的**消防应急灯具**(2.13.1.1)。

2.13.2 消防安全标志产品

2.13.2.1

普通消防安全标志　ordinary fire safety sign

在基材上通过印刷、喷涂普通色漆或粘贴普通色膜等方式制成的既无逆反射、也无发光性能的消防安全标志牌。

2.13.2.2

蓄光[型][发光]消防安全标志　phosphorescent fire safety sign

用蓄光型发光色漆印刷、喷涂或用蓄光型发光色膜粘贴在基材上等方式制成的消防安全标志牌。

2.13.2.3

荧光消防安全标志　fluorescent fire safety sign

用荧光色漆印刷、喷涂或用荧光色膜粘贴在基材上等方式制成的消防安全标志牌。

2.13.2.4

自发光消防安全标志　self-luminous fire safety sign

用自发光材料制成的消防安全标志牌。

2.13.2.5

逆反射消防安全标志　retroreflective fire safety sign

用逆反射色漆印刷、喷涂或用逆向反射色膜粘贴在基材上等方式制成的消防安全标志牌。

2.13.2.6

组合材料消防安全标志　combined material fire safety sign

用光致发光材料与逆反射材料色漆印刷、喷涂或用组合材料色膜粘贴在基材上等方式制成的消防安全标志牌。

2.13.2.7

搪瓷消防安全标志　porcelain fire safety sign

用金属板作基材,由相应颜色的珐琅浆烧制成的消防安全标志牌。

2.13.2.8

场致发光消防安全标志　electroluminescent fire safety sign

由场致发光板等制成的消防安全标志产品。

2.13.3 火灾逃生避难器材

2.13.3.1

逃生缓降器　descent control device

由挂钩(或吊环)、吊带、绳索及速度控制器等组成,靠使用者自重从一定的高度,以一定的速度安全降至地面,并能往复使用的安全救生装置。

2.13.3.2

逃生梯　escape ladder

危急时供使用者自行攀爬逃生的一种梯子。

2.13.3.3

逃生滑道　escape slide

使用者靠自重以一定的速度下滑逃生的一种柔性通道。

2.13.3.4

应急逃生器　rescue device

使用者靠自重以一定的速度下降且具有刹停功能的一次性使用的逃生器材。

2.13.3.5

逃生滑梯 slide escape

从建筑物内紧急逃离的敞开滑梯。

2.13.3.6

救生滑杆 life sliding pole

危急时供人滑降使用的固定式长杆。

2.13.3.7

过滤式消防自救呼吸器 filtering respiratory device for self-rescue

一种依赖于环境大气,通过过滤、吸收等手段净化吸入人体的火场环境气体以保护佩戴者,供火灾时逃生用的呼吸器。

2.13.3.8

化学氧消防自救呼吸器 chemical oxygen respiratory device for self-rescue

使人的呼吸器官同大气环境隔绝,利用化学生氧剂产生的氧,供火灾缺氧情况下逃生用的呼吸器。

2.14 建筑耐火构件

2.14.1 防火门

2.14.1.1

防火门 fire door set

由门框、门扇及五金配件等组成,具有一定耐火性能的门组件。所述的门组件中,还可以包括门框上面的亮窗、门扇中的视窗以及各种防火密封件等辅助材料。

2.14.1.2

平开式防火门 mounting hinged fire doorset

由门框、门扇和防火铰链、防火锁等防火五金配件构成的,以铰链为轴垂直于地面,该轴可以沿顺时针或逆时针单一方向旋转以开启或关闭门扇的**防火门**(2.14.1.1)。

2.14.1.3

木质防火门 fire door set of timber

用难燃木材或难燃木材制品作门框、门扇骨架、门扇面板,门扇内若填充材料,则填充对人体无毒无害的防火隔热材料,并配以防火五金配件等部件组成的**防火门**(2.14.1.1)。

2.14.1.4

钢质防火门 fire door set of steel

用钢质材料制作门框、门扇骨架和门扇面板,门扇内若填充材料,则填充对人体无毒无害的防火隔热材料,并配以防火五金配件等部件组成的**防火门**(2.14.1.1)。

2.14.1.5

钢木质防火门 fire door set of timber and steel

用钢质和难燃木质材料或难燃木材制品制作门框、门扇骨架、门扇面板,门扇内若填充材料,则填充对人体无毒无害的防火隔热材料,并配以防火五金配件等部件组成的**防火门**(2.14.1.1)。

2.14.1.6

其他材质防火门 fire door set of other materials

采用除钢质、难燃木材或难燃木材制品之外的无机不燃材料或部分采用钢质、难燃木材、难燃木材制品制作门框、门扇骨架、门扇面板,门扇内若填充材料,则填充对人体无毒无害的防火隔热材料,并配以防火五金配件等部件组成的**防火门**(2.14.1.1)。

2.14.1.7

隔热防火门（A 类）　fully insulated fire door set(type A)

在规定时间内,能同时满足耐火完整性和耐火隔热性要求的**防火门**(2.14.1.1)。

2.14.1.8

部分隔热防火门（B 类）　partially insulated fire door set(type B)

耐火隔热性达到 0.5 h,耐火完整性大于 0.5 h 的**防火门**(2.14.1.1)。

2.14.1.9

非隔热防火门（C 类）　uninsulated fire door set(type C)

在规定时间内,能满足耐火完整性要求的**防火门**(2.14.1.1)。

2.14.1.10

逃生门锁　exit door latching assembly

安装在建筑中的疏散门上,具有通过锁舌限制疏散门的开启、关闭(锁闭)功能,且在疏散、逃生方向上采用推压方式开启疏散门的成套机械装置。

2.14.2　防火窗

2.14.2.1

防火窗　fire window assembly

由窗框、窗扇及五金配件等部件组成,具有一定耐火性能的窗组件。

2.14.2.2

固定式防火窗　static fire window assembly

无可开启窗扇的**防火窗**(2.14.2.1)。

2.14.2.3

活动式防火窗　automatic closing fire window assembly

有可开启窗扇,且装配有窗扇启闭控制装置的**防火窗**(2.14.2.1)。

2.14.2.4

钢质防火窗　fire window assembly of steel

窗框和窗扇框架采用钢材制造的**防火窗**(2.14.2.1)。

2.14.2.5

木质防火窗　fire window assembly of timber

窗框和窗扇框架采用木材制造的**防火窗**(2.14.2.1)。

2.14.2.6

钢木复合防火窗　fire window assembly of timber and steel

窗框采用钢材、窗扇框架采用木材制造或窗框采用木材、窗扇框架采用钢材制造的**防火窗**(2.14.2.1)。

2.14.2.7

隔热防火窗（A 类）　insulated fire window assembly（type A)

在规定时间内,能同时满足耐火隔热性和耐火完整性要求的**防火窗**(2.14.2.1)。

2.14.2.8

非隔热防火窗（C 类）　uninsulated fire window assembly（type C)

在规定时间内,能满足耐火完整性要求的**防火窗**(2.14.2.1)。

2.14.3　防火玻璃

2.14.3.1

防火玻璃　fire-resistant glass

具有透光功能并能满足规定耐火性能要求的玻璃制品。

2.14.3.2

复合防火玻璃 laminated fire-resistant glass

由两层或两层以上玻璃复合而成或由一层玻璃和有机材料复合而成的**防火玻璃**(2.14.3.1)。

2.14.3.3

单片防火玻璃 monolithic fire-resistant glass

由单层玻璃构成的**防火玻璃**(2.14.3.1)。

2.14.3.4

隔热型防火玻璃(A 类) insulated fire-resistant glass(type A)

耐火性能同时满足耐火完整性、耐火隔热性要求的**防火玻璃**(2.14.3.1)。

2.14.3.5

非隔热型防火玻璃(C 类) integrity-only fire-resistant glass(type C)

耐火性能仅满足耐火完整性要求的**防火玻璃**(2.14.3.1)。

2.14.4 **防火卷帘**

2.14.4.1

防火卷帘 fire shutter assembly

由卷轴、导轨、座板、门楣、箱体、可折叠或卷绕的帘面及卷门机、控制器等部件组成,具有一定耐火性能的卷帘门组件。

2.14.4.2

钢质防火卷帘 fire shutter assembly of steel

用钢质材料制作帘面面板、导轨、座板、门楣、箱体等部件的**防火卷帘**(2.14.4.1)。

2.14.4.3

隔热防火卷帘(A 类) insulated fire shutter assembly(type A)

在规定时间内,能同时满足耐火隔热性和耐火完整性要求的**防火卷帘**(2.14.4.1)。

2.14.4.4

非隔热防火卷帘(C 类) uninsulated fire shutter assembly(type C)

在规定时间内,能满足耐火完整性要求的**防火卷帘**(2.14.4.1)。

2.14.4.5

防火卷帘用卷门机 motor for fire shutter assembly

由电动机、限位器、手动操作部件等组成,与**防火卷帘**(2.14.4.1)、**防火卷帘控制器**(2.14.4.6)配套使用,使**防火卷帘**(2.14.4.1)完成开启、定位、关闭功能的装置。

2.14.4.6

防火卷帘控制器 control unit for fire shutter assembly

与**防火卷帘用卷门机**(2.14.4.5)配套使用并控制其运行动作的电气控制设备。

2.15 **防火材料及制品**

2.15.1 **防火涂料**

2.15.1.1

饰面型防火涂料 finishing fire retardant paint

涂覆于可燃基材(如木材、纤维板、纸板及制品)表面,能形成具有防火阻燃保护及一定装置作用涂膜的防火涂料。

2.15.1.2

钢结构防火涂料 fire-resistant coating for steel structure

施涂于建筑物及构筑物的钢结构表面,能形成耐火隔热保护层以提高钢结构耐火极限的涂料。

2.15.1.3

电缆防火涂料 fire-resistant coating for electrical cable

涂覆于电缆(如以橡胶、聚乙烯、聚氯乙烯、交联聚氯乙烯等材料作为绝缘料和护套料而制成的电缆)表面,当火灾发生时能阻止电缆燃烧或火焰蔓延,可保护电缆不受火灾侵袭的一种功能性涂料。

2.15.1.4

混凝土结构防火涂料 fire-resistant coating for concrete structure

涂覆在工业与民用建筑物内和公路、铁路隧道等混凝土表面,能形成耐火隔热保护层以提高其结构耐火极限的涂料。

2.15.2 防火材料

2.15.2.1

防火封堵材料 firestop material

具有防火、防烟功能,用于密封或填塞建筑物、构筑物以及各类设施中的贯穿孔洞、环形缝隙及建筑缝隙,便于更换且符合有关性能要求的材料。

2.15.2.2

防火封堵组件 firestop subassembly

由多种防火封堵材料以及耐火隔热材料共同构成的用以维持结构耐火性能,且便于更换的组合系统。

2.15.2.3

防火膨胀密封件 fire-proof intumescent seal

安装在建筑分隔构件上,遇火或高温作用下能够膨胀,辅助建筑分隔构件具备防止火灾和烟气蔓延功能的制品。

2.15.2.4

阻火圈 fire stopping collar

由金属等材料制作的壳体和阻燃膨胀芯材组成的套圈,套在硬聚氯乙烯等塑料管道外壁,火灾时阻燃膨胀芯受热迅速膨胀,挤压管道,使之封堵,阻止火势沿管道蔓延。

2.15.2.5

阻燃材料 fire retardant material

具有抑制、减缓或终止火焰传播特性的材料。

2.15.2.6

阻燃制品及组件 fire retardant product and component

由阻燃材料(2.15.2.5)制成的产品及多种产品的组合。

2.15.2.7

不燃无机复合板 non-combustible inorganic compound board

采用无机材料为胶凝材料并添加多种改性物质,用纤维增强、能满足不燃性要求的复合板材。

2.15.2.8

阻燃铺地材料 fire retardant floor covering

达到规定的燃烧级别并满足相关理化性能规定要求的铺地材料。

2.15.2.9

喷射无机纤维防火材料 sprayed fire-resistant material of inorganic fiber

无机纤维棉混合物料通过喷射设备喷射到被保护物表面形成保护层,以提高被保护物耐火等级的防火材料。

2.15.2.10

水基型阻燃处理剂 water-based fire retarding agent

以水为分散介质,采用喷涂或浸渍等方式使木材、织物、纸板等获得规定的燃烧性能的各种阻燃处理剂。

2.15.3 阻燃及耐火电缆

2.15.3.1

阻燃电缆 fire retardant cable

具有规定阻燃性能(如阻燃特性、烟密度、烟气毒性、耐腐蚀性)的电缆。

2.15.3.2

耐火电缆 fire-resistant cable

具有规定的耐火性能(如线路完整性、烟密度、烟气毒性、耐腐蚀性)的电缆。

2.15.3.3

耐火电缆槽盒 fire-resistant cable trunking

由托盘和盖板组成,能满足规定耐火工作时间要求,用于支撑电缆的连续刚性结构系统。

2.15.4 阻火装置

2.15.4.1

阻火器 flame arrester

由阻火芯、阻火器外壳及配件构成,阻止火焰(爆燃或爆轰)通过的装置。

2.15.4.2

石油气体管道用阻火器 flame arrester for petroleum gas piping system

安装在石油气体管道上的**阻火器**(2.15.4.1)。

2.15.4.3

石油储罐阻火器 flame arrester for petroleum tank

安装在原油、汽油和煤油等轻质油品储罐上的**阻火器**(2.15.4.1)。

2.15.4.4

机动车排气火花熄灭器 vehicle spark arrester

对机动车废气进行冷却,从而熄灭废气内夹带火花的熄灭器。

2.16 消防通信设备

2.16.1 火警受理设备

2.16.1.1

火警调度机 fire alarm dispatching equipment

具有火警呼入排队、座席分配、语音调度、一般话务交换和CTI(计算机电信集成)等功能的专用通信设备。

2.16.1.2

火警数字录音录时装置 fire alarm digital voice and time recording equipment

用于记录报警人与调度员的通话信息和受理过程时间信息的设备。

2.16.2 消防指挥调度设备

2.16.2.1

火场通信控制台 fire scene communication console

对安装在消防移动通信指挥车上的有线、无线通信设备进行集中控制操作和状态显示的控制台。

2.16.2.2

消防站火警终端 fire station alarm terminal

设置在消防站,以文字、图形和语音形式接收火警受理系统下达的出动命令、打印出车单,并能上报中队消防实力等信息的装备。

2.16.2.3

消防通信指挥系统信息显示装置 information display device for fire communication and command system

应用于消防通信指挥中心或移动消防通信指挥中心,对消防信息进行集中接收、汇总、处理和显示,为消防指挥提供信息显示的装置。

2.16.3 消防车辆动态管理装置

2.16.3.1

消防车辆动态终端机 real-time communication terminal for fire vehicle

安装在消防车辆上,能实时向消防通信指挥中心发送本车定位信息和状态信息,并能接收安装在消防通信指挥中心的消防车辆动态管理中心收发装置下达的出动命令和行车路线的设备。

2.16.3.2

消防车辆动态管理中心收发装置 transceiver device for fire vehicle managmenet center

安装在消防通信指挥中心,能接收**消防车辆动态终端机**(2.16.3.1)发送的车辆定位信息和状态信息,并能向其下达出动命令和行车路线的设备。

2.17 爆炸探测和抑爆产品

2.17.1

爆炸传感器 explosion sensor

能感知由爆炸引起的压力、温度和(或)辐射等一种或多种参数变化的装置。

2.17.2

爆炸探测器 explosion detector

装有一个或多个**爆炸传感器**(2.17.1),能感受到一次正在形成的爆炸并提供爆炸探测信号的装置或组合装置。

2.17.3

感压式爆炸探测器 pressure explosion detector

响应异常压力、压力增长速度的**爆炸探测器**(2.17.2)。

2.17.4

差压式爆炸探测器 rate-of-rise pressure explosion detector

压力增长速度超过预定值,作出响应的**爆炸探测器**(2.17.2)。

2.17.5

定压式爆炸探测器 fixed pressure explosion detector

压力达到或超过探测压力时作出快速响应的**爆炸探测器**(2.17.2)。

2.17.6

差定压组合式爆炸探测器 rate-of-rise and fixed pressure explosion detector

兼有差压和定压两种功能的**爆炸探测器**(2.17.2)。

2.17.7

抑爆器 explosion suppressor

贮存和快速喷撒**抑爆剂**(2.17.11)的部件。

2.17.8

爆炸开启阀 explosion activated valve

安装在**抑爆器**(2.17.7)上用通电爆破打开的快开阀门。

2.17.9

抑爆控制器 explosion suppression control unit

控制、记录和监视**爆炸传感器**(2.17.1)/**爆炸探测器**(2.17.2)和防爆器的防爆设备。

2.17.10

监控式防爆装置 automatic explosion suppression device

在爆炸发生的初期,依靠快速自动探测爆炸信息和自动用物理化学方法,将火焰扑灭或阻隔的装置。

2.17.11

抑爆剂 explosion suppressant

装在**抑爆器**(2.17.7)里,通过扩散抑制容器或封闭空间内正在发生爆炸的物质。

2.17.12

卤代烷抑爆剂 halon suppressant

具有灭火和抑爆特性的卤代烷。

2.17.13

水抑爆剂 water suppressant

作为**抑爆剂**(2.17.11)使用的水。

2.17.14

粉末抑爆剂 powder suppressant

具有灭火和抑爆特性的粉末。

GB/T 5907.5—2015

参 考 文 献

[1] GB/T 5907.1—2014 消防词汇 第1部分:通用术语
[2] GA/T 51—1993 灭火剂基本术语
[3] ISO 8421-2:1987 Fire protection—Vocabulary—Part 2:Structural fire protection
[4] ISO 8421-3:1989 Fire protection—Vocabulary—Part 3:Fire detection and alarm
[5] ISO 8421-4:1990 Fire protection—Vocabulary—Part 4:Fire extinction equipment
[6] ISO 8421-5:1988 Fire protection—Vocabulary—Part 5:Smoke control
[7] ISO 8421-6:1987 Fire protection—Vocabulary—Part 6:Evacuation and means of escape
[8] ISO 8421-7:1987 Fire protection—Vocabulary—Part 7:Explosion detection and suppression means

[9] ISO 8421-8:1990 Fire protection—Vocabulary—Part 8:Terms specific to fire-fighting,rescue services and handling hazardous materials

索　引

汉语拼音索引

A

B

C

D

E

F

G

J

K

L

M

N

P

Q

T

W

X

Y

Z

英文对应词索引

A

B

C

F

R

S

T

U

V

W

ICS 13.220.01
C 80

中华人民共和国国家标准

GB 13495.1—2015
代替 GB 13495—1992

消防安全标志　第1部分：标志

Fire safety signs—Part 1:Signs

2015-06-02 发布

2015-08-01 实施

中华人民共和国国家质量监督检验检疫总局
中国国家标准化管理委员会　发布

前　言

GB 13495 的本部分第 3 章为强制性的，其余为推荐性的。

GB 13495《消防安全标志》分为以下部分：

——第 1 部分：标志；

——第 2 部分：产品通用要求；

——第 3 部分：设置要求；

……

本部分为 GB 13495 的第 1 部分。

本部分代替 GB 13495—1992《消防安全标志》。与 GB 13495—1992 相比，本部分变化如下：

——删除了标志的结构、尺寸、制作、设置等内容；这些内容将纳入 GB 13495 的其他部分（见
　　1992 年版的第 4 章、第 6 章、第 7 章）；

——删除了"禁止带火种"标志（见 1992 年版的标志编号 3.4.8）；

——增加了"消防电话""推车式灭火器"和"消防炮"标志（见表 2、表 4）；

——将"紧急出口""灭火器""消防水带""当心火灾——易燃物质""当心火灾——氧化物"和"当心
　　爆炸——爆炸性物质"标志的名称修改为"安全出口""手提式灭火器""消防软管卷盘""当心易
　　燃物""当心氧化物"和"当心爆炸物"（见表 3、表 4 和表 5）；

——将"消防梯"修改为"逃生梯"，其安全色由红色改为绿色，由"灭火设备"表中调整到"紧急疏散
　　逃生"表中（见表 3）；

——修订了附录 A 中的圆形和三角形安全标志尺寸，规定了标志的设计尺寸（见附录 A）；

——增加了标志与方向辅助标志组合使用示例（见附录 B）；

——增加了标志、方向辅助标志与文字辅助标志组合使用示例（见附录 C）。

本部分修订时参考了 ISO 7010:2011《图形符号　安全色和安全标志　注册的安全标志》。

本部分由中华人民共和国公安部提出。

本部分由全国消防标准化技术委员会基础标准分技术委员会（SAC/TC 113/SC 1）归口。

本部分由公安部天津消防研究所负责起草。

本部分主要起草人：姚松经、屈励、沈纹、张银花、冯珂星、李钰、俞颖飞。

本部分所代替标准的历次版本发布情况为：

——GB 13495—1992。

消防安全标志 第 1 部分:标志

重要提示:本部分消防安全标志的颜色不作为标准颜色匹配使用,颜色匹配按 **GB 2893—2008**《安全色》第 5 章的规定。

1 范围

GB 13495 的本部分规定了用于消防安全领域的标志。

本部分适用于所有需要设置消防安全标志的场所。

本部分不适用于 GB/T 4327 规定的消防技术文件和各类地图所用的图形符号。

2 规范性引用文件

下列文件对于本文件的应用是必不可少的。凡是注日期的引用文件,仅注日期的版本适用于本文件。凡是不注日期的引用文件,其最新版本(包括所有的修改单)适用于本文件。

GB 2893—2008 安全色

GB/T 4327 消防技术文件用消防设备图形符号

3 标志

3.1 消防安全标志(以下简称标志)由几何形状、安全色、表示特定消防安全信息的图形符号构成。标志的几何形状、安全色及对比色、图形符号色的含义见表1。

表 1 标志的几何形状、安全色及对比色、图形符号色的含义

几何形状	安全色	安全色的对比色	图形符号色	含义
正方形	红色	白色	白色	标示消防设施(如火灾报警装置和灭火设备)
正方形	绿色	白色	白色	提示安全状况(如紧急疏散逃生)
带斜杠的圆形	红色	白色	黑色	表示禁止
等边三角形	黄色	黑色	黑色	表示警告

3.2 标志根据其功能分为以下 6 类:

　　a) 火灾报警装置标志(见表 2);

　　b) 紧急疏散逃生标志(见表 3);

　　c) 灭火设备标志(见表 4);

　　d) 禁止和警告标志(见表 5);

　　e) 方向辅助标志(见表 6);

　　f) 文字辅助标志。

3.3 标志的常用型号、尺寸及颜色应符合附录 A 的规定。

3.4 标志及其辅助标志与周围环境之间应形成清晰对比。在实际制作时,应使用衬边,衬边的颜色和

尺寸等应符合附录 A 中图 A.1～图 A.4 的要求。

3.5 标志的色度和光度属性应符合 GB 2893—2008 第 5 章的规定。

3.6 标志与方向辅助标志应按附录 B 的示例组合使用。

3.7 标志的名称可作为文字辅助标志。标志、方向辅助标志与文字辅助标志按附录 C 的示例组合使用。

表 2 火灾报警装置标志

编号	标志	名称	说明
3-01		消防按钮 FIRE CALL POINT	标示火灾报警按钮和消防设备启动按钮的位置。 需指示消防按钮方位时,应与 3-30 标志组合使用,示例见附录 B
3-02		发声警报器 FIRE ALARM	标示发声警报器的位置
3-03		火警电话 FIRE ALARM TELEPHONE	标示火警电话的位置和号码。 需指示火警电话方位时,应与 3-30 标志组合使用
3-04		消防电话 FIRE TELEPHONE	标示火灾报警系统中消防电话及插孔的位置。 需指示消防电话方位时,应与 3-30 标志组合使用,示例见附录 B

表 3 紧急疏散逃生标志

编号	标志	名称	说明
3-05		安全出口 EXIT	提示通往安全场所的疏散出口。 根据到达出口的方向,可选用向左或向右的标志。需指示安全出口的方位时,应与3-29标志组合使用,示例见附录B
3-06		滑动开门 SLIDE	提示滑动门的位置及方向

表 3（续）

编号	标志	名称	说明
3-07		推开 PUSH	提示门的推开方向
3-08		拉开 PULL	提示门的拉开方向
3-09		击碎板面 BREAK TO OBTAIN ACCESS	提示需击碎板面才能取到钥匙、工具，操作应急设备或开启紧急逃生出口
3-10		逃生梯 ESCAPE LADDER	提示固定安装的逃生梯的位置。 需指示逃生梯的方位时，应与3-29标志组合使用

表4 灭火设备标志

编号	标志	名称	说明
3-11		灭火设备 FIRE-FIGHTING EQUIPMENT	标示灭火设备集中摆放的位置。 需指示灭火设备的方位时,应与3-30标志组合使用
3-12		手提式灭火器 PORTABLE FIRE EXTINGUISHER	标示手提式灭火器的位置。 需指示手提式灭火器的方位时,应与3-30标志组合使用,示例见附录B
3-13		推车式灭火器 WHEELED FIRE EXTINGUISHER	标示推车式灭火器的位置。 需指示推车式灭火器的方位时,应与3-30标志组合使用
3-14		消防炮 FIRE MONITOR	标示消防炮的位置。 需指示消防炮的方位时,应与3-30标志组合使用

表4（续）

编号	标志	名称	说明
3-15		消防软管卷盘 FIRE HOSE REEL	标示消防软管卷盘、消火栓箱、消防水带的位置。 需指示消防软管卷盘、消火栓箱、消防水带的方位时，应与3-30标志组合使用，示例见附录B
3-16		地下消火栓 UNDERGROUND FIRE HYDRANT	标示地下消火栓的位置。 需指示地下消火栓的方位时，应与3-30标志组合使用
3-17		地上消火栓 OVERGROUND FIRE HYDRANT	标示地上消火栓的位置。 需指示地上消火栓的方位时，应与3-30标志组合使用，示例见附录B
3-18		消防水泵接合器 SIAMESE CONNECTION	标示消防水泵接合器的位置。 需指示消防水泵接合器的方位时，应与3-30标志组合使用

表5 禁止和警告标志

编号	标志	名称	说明
3-19		禁止吸烟 NO SMOKING	表示禁止吸烟
3-20		禁止烟火 NO BURNING	表示禁止吸烟或各种形式的明火
3-21		禁止放易燃物 NO FLAMMABLE MATERIALS	表示禁止存放易燃物
3-22		禁止燃放鞭炮 NO FIREWORKS	表示禁止燃放鞭炮或焰火

表 5（续）

编号	标志	名称	说明
3-23		禁止用水灭火 DO NOT EXTINGUISH WITH WATER	表示禁止用水作灭火剂或用水灭火
3-24		禁止阻塞 DO NOT OBSTRUCT	表示禁止阻塞的指定区域（如疏散通道）
3-25		禁止锁闭 DO NOT LOCK	表示禁止锁闭的指定部位（如疏散通道和安全出口的门）
3-26		当心易燃物 WARNING: FLAMMABLE MATERIAL	警示来自易燃物质的危险

表 5（续）

编号	标志	名称	说明
3-27		当心氧化物 WARNING： OXIDIZING SUBSTANCE	警示来自氧化物的危险
3-28		当心爆炸物 WARNING： EXPLOSIVE MATERIAL	警示来自爆炸物的危险,在爆炸物附近或处置爆炸物时应当心

表 6　方向辅助标志

编号	标志	含义	说明
3-29		疏散方向 DIRECTION OF ESCAPE	指示安全出口的方向。 箭头的方向还可为上、下、左上、右上、右、右下等,组合使用示例见附录 B

表 6（续）

编号	标志	含义	说明
3-30		火灾报警装置或灭火设备的方位 DIRECTION OF FIRE ALARM DEVICE OR FIREFIGHTING EQUIPMENT	指示火灾报警装置或灭火设备的方位。 箭头的方向还可为上、下、左上、右上、右、右下等,组合使用示例见附录 B

附 录 A
（规范性附录）
消防安全标志的型号、尺寸和颜色

A.1　消防安全标志常用的型号及其公称尺寸应符合表 A.1 的要求。

表 A.1　消防安全标志常用的型号和公称尺寸

单位为毫米

型号	公称尺寸		
	正方形标志的边长 a	圆形标志的外径 d	三角形标志的内边长 b
1	63	70	75
2	100	110	120
3	160	175	190
4	250	280	300
5	400	440	480
6	630	700	750
7	1 000	1 100	1 200

A.2　标志几何形状的设计尺寸和颜色应符合图 A.1～图 A.4 的要求。

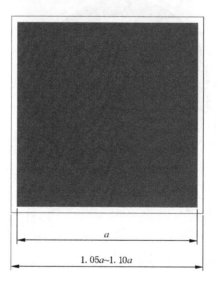

标志的颜色应为：
　　背景：红色
　　图形符号：白色
　　衬边：白色

图 A.1　火灾报警装置、灭火设备标志的设计尺寸

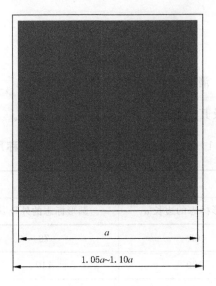

标志的颜色应为：
   背景:绿色
   图形符号:白色
   衬边:白色

图 A.2　紧急疏散逃生标志的设计尺寸

标志的颜色应为：
   背景:白色
   环形边框和斜杠:红色
   图形符号:黑色
   衬边:白色

图 A.3　禁止标志的设计尺寸

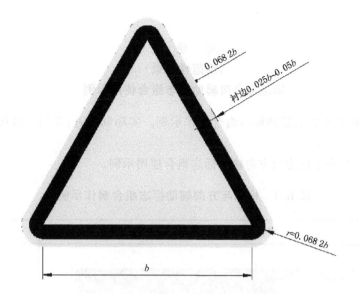

标志的颜色应为：

　　背景：黄色

　　三角形边框：黑色

　　图形符号：黑色

　　衬边：黄色

图 A.4　警告标志的设计尺寸

附　录　B

（规范性附录）

标志与方向辅助标志组合使用示例

B.1 表 B.1 给出了标志与方向辅助标志组合制作示例。实际制作时，在同一载体上组合的标志可以省略内部衬边。

B.2 表 B.2～表 B.8 给出了标志与方向辅助标志组合使用示例。

表 B.1　标志与方向辅助标志组合制作示例

序号	组合制作示例	制作说明
1		保留内部衬边
2		保留内部衬边
3		省略内部衬边

表 B.2　"安全出口"标志与方向辅助标志组合使用示例

序号	组合使用示例	应用说明
1		面向疏散方向设置(如悬挂在大厅、疏散通道上方等),指示"安全出口"在前方; 沿疏散方向设置在地面上,指示"安全出口"在前方; 设置在"逃生梯"等设施旁,指示"安全出口"在上方; 设置在"安全出口"上方,指示可向上疏散至室外
2		指示"安全出口"在左上方
3		指示"安全出口"在左方
4		指示"安全出口"在左下方

表 B.3 位于两个安全出口中间的"安全出口"标志与方向辅助标志组合使用示例

序号	组合使用示例	应用说明
1		指示向左或向右皆可到达安全出口
2		指示向左或向右皆可到达安全出口

表 B.4 "消防按钮"标志与方向辅助标志组合使用示例

序号	组合使用示例	应用说明
1		指示"消防按钮"在左方
2		指示"消防按钮"在右方

表 B.5　"消防电话"标志与方向辅助标志组合使用示例

序号	组合使用示例	应用说明
1		指示"消防电话"在左方
2		指示"消防电话"在右方

表 B.6　"手提式灭火器"标志与方向辅助标志组合使用示例

序号	组合使用示例	应用说明
1		指示"手提式灭火器"在左方
2		指示"手提式灭火器"在左下方

表 B.7 "消防软管卷盘"标志与方向辅助标志组合使用示例

序号	组合使用示例	应用说明
1		指示"消防软管卷盘"在左方
2		指示"消防软管卷盘"在右下方

表 B.8 "地上消火栓"标志与方向辅助标志组合使用示例

序号	组合使用示例	应用说明
1		指示"地上消火栓"在左方
2		指示"地上消火栓"在右方

附 录 C
（规范性附录）
标志、方向辅助标志与文字辅助标志组合使用示例

C.1 表 C.1 给出了标志、方向辅助标志与文字辅助标志组合制作示例。实际制作时，在同一载体上组合的标志可以省略内部衬边。

C.2 表 C.2 给出了标志、方向辅助标志与文字辅助标志组合使用示例。

表 C.1 标志、方向辅助标志与文字辅助标志组合制作示例

序号	组合制作示例	制作说明
1		保留内部衬边
2		保留内部衬边
3		省略内部衬边

GB 13495.1—2015

表 C.2　标志、方向辅助标志与文字辅助标志组合使用示例

序号	组合使用示例	应用说明
1		指示"安全出口"在右方
2		指示向左或向右皆可到达安全出口
3		指示"火灾报警按钮"在左方

表 C.2（续）

序号	组合使用示例	应用说明
4		指示"地上消火栓"在右方

ICS 13.220.01
C 80

中华人民共和国消防救援行业标准

XF/T 1250—2015

消防产品分类及型号编制导则

Directives for classification and type arranging of fire products

2015-03-03 发布

2015-03-03 实施

中华人民共和国应急管理部　　公布

XF/T 1250—2015

前　言

根据公安部、应急管理部联合公告(2020年5月28日)和应急管理部2020年第5号公告(2020年8月25日),本标准归口管理自2020年5月28日起由公安部调整为应急管理部,标准编号自2020年8月25日起由GA/T 1250—2015调整为XF/T 1250—2015,标准内容保持不变。

本标准按照GB/T 1.1—2009给出的规则起草。

本标准由公安部消防局提出。

本标准由全国消防标准化技术委员会基础标准分技术委员会(SAC/TC 113/SC 1)归口。

本标准负责起草单位:公安部消防局、应急管理部天津消防研究所。

本标准参加起草单位:公安部上海消防研究所、公安部沈阳消防研究所、公安部四川消防研究所、公安部消防产品合格评定中心。

本标准主要起草人:屈励、姚松经、王鹏翔、余威、刘连喜、庄爽、朱青、毛毅平、卢韶然、孙玉虎、韩伟平、张立胜。

引　言

1982年公安部曾发布 GN 11—1982《消防产品型号编制方法》行业标准,后因标准代号变更停止使用,消防产品型号编制长期处于缺乏通用标准的状态。

近年来,消防产品生产行业发展迅速,新产品、新装备不断出现。根据公安部、国家工商总局、国家质检总局联合颁发的《消防产品监督管理规定》(第122号令),公安部消防局制定并公布《消防产品目录》,明确了消防产品的类别和品种。

本标准在《消防产品目录》所确定产品类别和品种的基础上,统一了消防产品型号编制的基本规则,规定了消防产品的类别和品种代号,从而为消防产品的设计、生产和使用管理提供技术指导,以期逐步实现消防产品型号编制的规范化。

消防产品分类及型号编制导则

1 范围

本标准规定了消防产品的术语和定义、分类及型号编制。

本标准适用于消防产品的分类和型号编制。

2 规范性引用文件

下列文件对于本文件的应用是必不可少的。凡是注日期的引用文件,仅注日期的版本适用于本文件。凡是不注日期的引用文件,其最新版本(包括所有的修改单)适用于本文件。

GB/T 5907(所有部分) 消防词汇

3 术语和定义

GB/T 5907 界定的以及下列术语和定义适用于本文件。

3.1

消防产品 fire product

专门用于火灾预防、灭火救援和火灾防护、避难、逃生的产品。

3.2

型号 type

用汉语拼音字母、英文字母和数字的组合来表示产品类别、品种和规格的代号。

4 分类

4.1 消防产品按其用途分为 16 个类别,按其功能和特征暂分为 69 个品种。

4.2 消防产品的类别、品种和产品示例见表 1。

表 1 消防产品类别、品种和产品示例

序号	类别	类别代号	品种	品种代号	产品示例
1	火灾报警设备	B	火灾报警触发器件	C	点型感烟火灾探测器、点型感温火灾探测器、独立式感烟火灾探测报警器、独立式感温火灾探测报警器、特种火灾探测器、点型紫外火焰探测器、线型光束感烟火灾探测器、线型感温火灾探测器、可燃气体探测器、电气火灾监控探测器、家用火灾探测器、手动火灾报警按钮、消火栓按钮
			火灾报警控制装置	K	火灾报警控制器、可燃气体报警控制器、家用火灾报警控制器、电气火灾监控设备、家用火灾控制中心监控设备、城市消防远程监控设备、消防设备电源监控设备、防火门监控器
			火灾警报装置	J	火灾声和/或光警报器、火灾显示盘

表1（续）

序号	类别	类别代号	品种	品种代号	产品示例
1	火灾报警设备	B	消防联动控制设备	L	消防联动控制器、消防电气控制装置、消防电动装置、消防设备应急电源、消防应急广播设备、消防电话、传输设备、模块、消防控制室图形显示装置
2	消防车	C	灭火消防车	M	水罐消防车、供水消防车、泡沫消防车、干粉消防车、干粉泡沫联用消防车、干粉水联用消防车、气体消防车、压缩空气泡沫消防车、泵浦消防车、远程供水泵浦消防车、高倍泡沫消防车、水雾消防车、高压射流消防车、机场消防车、涡喷消防车、干粉枪炮
			举高消防车	J	登高平台消防车、云梯消防车、举高喷射消防车、破拆消防车
			专勤消防车	Q	通信指挥消防车、抢险救援消防车、化学救援消防车、输转消防车、照明消防车、排烟消防车、洗消消防车、侦检消防车、特种底盘消防车
			保障消防车	B	器材消防车、供气消防车、供液消防车、自装卸式消防车
3	消防装备	Z	消防员防护装备	F	消防头盔、消防员灭火防护头套、消防手套、消防员灭火防护靴、抢险救援靴、消防指挥服、消防员灭火防护服、消防员避火服、消防员隔热防护服、消防员化学防护服、消防员降温背心、消防用防坠落装备、消防员呼救器、正压式消防空气呼吸器、正压式消防氧气呼吸器、消防员接触式送受话器、消防员方位灯、消防员配戴式防爆照明灯、消防腰斧
			消防摩托车	M	二轮消防摩托车、三轮消防摩托车
			消防机器人	J	灭火机器人、排烟机器人、侦察机器人、洗消机器人、照明机器人、救援机器人
			抢险救援装备	Y	手动破拆工具、液压破拆工具、破拆机具、消防救生气垫、消防梯、消防移动式照明装置、消防救生照明线、消防用红外热像仪、消防用生命探测器、移动式消防排烟机、消防斧、消防用开门器、救生抛投器、消防救援支架、移动式消防储水装置
4	消防水带	D	消防水带	D	有衬里消防水带、消防湿水带、消防水幕水带
			轻便消防水龙	Q	轻便消防水龙
			消防软管卷盘	P	消防软管卷盘
			消防吸水胶管	J	消防吸水胶管
5	灭火器	M	手提式灭火器	S	手提式水基型灭火器、手提式干粉灭火器、手提式二氧化碳灭火器、手提式洁净气体灭火器
			推车式灭火器	T	推车式水基型灭火器、推车式干粉灭火器、推车式二氧化碳灭火器、推车式洁净气体灭火器
			简易式灭火器	J	简易式水基型灭火器、简易式干粉灭火器、简易式氢氟烃类气体灭火器

表 1（续）

序号	类别	类别代号	品种	品种代号	产品示例
6	灭火剂	J	气体灭火剂	Q	二氧化碳灭火剂、卤代烃灭火剂、惰性气体灭火剂
			泡沫灭火剂	P	泡沫灭火剂、A类泡沫灭火剂
			干粉灭火剂	F	BC干粉灭火剂、ABC干粉灭火剂、BC超细干粉灭火剂、ABC超细干粉灭火剂、D类干粉灭火剂
			水系灭火剂	S	水系灭火剂、F类火灾水系灭火剂
7	消防供水设备	G	消防泵	B	车用消防泵、消防泵组
			固定消防给水设备	G	消防气压给水设备、消防自动恒压给水设备、消防增压稳压给水设备、消防气体顶压给水设备、消防双动力给水设备
			消火栓	S	室内消火栓、室外消火栓、消防水鹤、消火栓箱、消火栓扳手、消火栓连接器
			消防水泵接合器	J	地上式消防水泵接合器、地下式消防水泵接合器、墙壁式消防水泵接合器、多用式消防水泵接合器
			分集水器	F	分水器、集水器
			消防接口	K	内扣式消防接口、卡式消防接口、螺纹式消防接口
			消防枪	Q	直流水枪、喷雾水枪、直流喷雾水枪、脉冲气压喷雾水枪、消防泡沫枪
			消防炮	P	消防水炮、消防泡沫炮、消防泡沫-水两用炮、远控消防炮
8	喷水灭火设备	S	喷头	T	洒水喷头、水雾喷头、早期抑制快速响应（ESFR）喷头、扩大覆盖面积洒水喷头、家用喷头、水幕喷头、雨淋喷头、自动灭火系统用玻璃球、消防用易熔合金元件
			报警阀	J	湿式报警阀、干式报警阀、雨淋报警阀、预作用装置、延迟器、水力警铃
			通用阀门	F	消防闸阀、消防球阀、消防蝶阀、消防电磁阀、消防信号蝶阀、消防信号闸阀、消防截止阀、减压阀
			管道及附件	G	消防洒水软管、加速器、压力开关、水流指示器、末端试水装置、沟槽式管接件
			其他喷水灭火设备	Q	自动跟踪定位射流灭火装置、细水雾灭火装置
9	泡沫灭火设备	P	泡沫产生装置	C	低倍数空气泡沫产生器、中倍数泡沫产生器、高倍数泡沫产生器、高背压泡沫产生器、泡沫钩管、泡沫喷头
			泡沫喷射装置	P	泡沫炮、泡沫枪
			泡沫混合装置	H	压力式比例混合装置、平衡式比例混合装置、管线式比例混合器、环泵式比例混合器
			泡沫液泵	B	泡沫液泵
			泡沫消火栓箱	S	泡沫消火栓箱、泡沫消火栓
			轻便式泡沫灭火装置	G	半固定式泡沫灭火装置
			闭式泡沫-水喷淋装置	L	闭式泡沫-水喷淋装置
			其他泡沫灭火设备	Q	厨房设备灭火装置、泡沫喷雾灭火装置、七氟丙烷泡沫灭火装置

表 1（续）

序号	类别	类别代号	品种	品种代号	产品示例
10	气体灭火设备	Q	固定式气体灭火装置	D	高压二氧化碳灭火设备、低压二氧化碳灭火设备、卤代烷烃灭火设备、惰性气体灭火设备、固定灭火系统驱动控制装置
			柜式气体灭火装置	G	柜式卤代烷烃灭火装置、柜式惰性气体灭火装置、柜式二氧化碳灭火装置
			悬挂式气体灭火装置	X	悬挂式卤代烷烃灭火装置
			其他气体灭火设备	Q	油浸变压器排油注氮灭火装置、热气溶胶灭火装置、气体类探火管式灭火装置、注氮控氧防火装置
11	干粉灭火设备	F	固定干粉灭火设备	D	固定干粉灭火设备
			柜式干粉灭火装置	G	柜式干粉灭火装置
			悬挂式干粉灭火装置	X	悬挂式干粉灭火装置
			其他干粉灭火设备	Q	干粉类探火管式灭火装置
12	建筑防烟排烟设备	Y	防火排烟阀门	F	防火阀、排烟防火阀、排烟阀、排油烟气防火止回阀
			消防排烟风机	J	轴流式消防排烟风机、离心式消防排烟风机
			挡烟垂壁	B	活动式挡烟垂壁、固定式挡烟垂壁
13	逃生避难装置	T	消防应急照明和疏散指示装置	Z	消防应急标志灯具、消防应急照明灯具、消防应急照明标志复合灯具、应急照明控制器、应急照明集中电源
			消防安全标志牌	B	常规消防安全标志牌、蓄光消防安全标志牌、逆反射消防安全标志牌、荧光消防安全标志牌、其他消防安全标志牌
			火灾逃生避难器材	S	逃生缓降器、逃生梯、逃生滑道、应急逃生器、逃生绳、逃生舱、消防过滤式自救呼吸器、化学氧消防自救呼吸器、推开式逃生门锁
14	建筑耐火构件	N	防火门	M	钢质防火门、木质防火门、钢木质防火门、其他材质防火门、防火门闭门器
			防火窗	C	钢质防火窗、木质防火窗、钢木复合防火窗、其他材质防火窗
			防火玻璃	B	防火玻璃、防火玻璃非承重隔墙
			防火卷帘	L	钢质防火卷帘、无机复合防火卷帘、防火卷帘用卷门机
15	火灾防护产品	H	防火涂料	T	饰面型防火涂料、钢结构防火涂料、电缆防火涂料、混凝土结构防火涂料
			防火封堵材料	C	防火封堵材料、防火膨胀密封件、阻火圈、阻燃处理剂、灭火毯、不燃无机复合板、防火刨花板、隧道防火保护板
			耐火电缆槽盒	L	耐火电缆槽盒、电缆用阻燃包带
			阻火抑爆装置	Z	石油气体管道阻火器、石油储罐阻火器、机动车排气火花熄灭器
16	消防通信设备	X	火警受理设备	S	火警调度机、火警数字录音录时装置、火警受理信息设备、火警受理联动控制装置
			消防车辆动态管理装置	C	消防车辆动态终端机、消防车辆动态管理中心收发装置、消防车上装系统控制器
			消防指挥调度设备	Z	火场通信控制台、消防用无线电话机、消防话音通信组网管理平台、消防员单兵通信设备、消防卫星通信系统便携式卫星站

5 型号编制

5.1 型号构成

5.1.1 消防产品的型号一般应由类别代号、品种代号、产品代号、特征和主参数代号、自定义代号等部分构成。

5.1.2 消防产品型号的编制形式如下：

类别代号　品种代号　产品代号　-　特征和主参数代号（规格）　-　自定义代号

5.2 代号

5.2.1 类别和品种代号

5.2.1.1 消防产品类别和品种的代号分别由一位大写汉语拼音字母表示,这些字母应选择类别、品种的代表性文字的汉语拼音字头字母。

5.2.1.2 消防产品的类别和品种代号见表1。

5.2.1.3 表1中未包含的消防新产品,其类别和品种代号可由产品归口管理部门具体规定。

5.2.2 产品代号

5.2.2.1 产品代号应按照同一品种内不重复的原则,由产品标准做出具体规定。

5.2.2.2 产品代号宜由两位大写汉语拼音字母构成,这些字母应选择产品的代表性文字的汉语拼音字头字母。

5.2.3 特征和主参数代号

5.2.3.1 消防产品的特征和主参数代号用来划分产品规格,为可选代号,由产品标准做出具体规定。若类别、品种和产品代号已明确表明产品的特性,或产品较简单不需区分特征和主参数代号时可省略。

5.2.3.2 特征代号应由一至两位大写汉语拼音字母构成,字母应来自代表产品特征文字的汉语拼音字头字母。

5.2.3.3 主参数代号应由阿拉伯数字和/或字母构成,可直观、清晰地表示出产品的主要技术性能或主要结构的参数。

5.2.3.4 若存在两个或两个以上的主参数,应在各参数代号之间用"/"分隔。

5.2.4 自定义代号

5.2.4.1 自定义代号用来表示消防产品设计、结构、工艺有所不同或具有较大改变,需要对产品加以区分时使用。

5.2.4.2 自定义代号一般由产品制造商自行规定,用一位大写英文字母表示,宜按照 A、B、C、……顺序采用,首次发布的产品可不标注。